口絵 1　標準土色帖　→図 2.3

口絵 2　森林の土壌断面の様子（北海道大学苫小牧研究林）
植物の体の半分は地下にあり，土壌微生物や土壌動物と緊密な相互作用を行っている。
→図 2.6

口絵 3　大型土壌動物のハンドソーティング

枠内の落葉をバットに移したところ。表層性の土壌動物は移動速度が速いので，落葉ごと素早く採集する（琉球大学与那演習林）。 →図 4.3

口絵 4　タープの下でのハンドソーティング

農地の場合日陰がないので，なるべく日陰で作業する。長時間にわたる場合は椅子の利用も有効である（明治大学黒川農場）。 →図 4.3

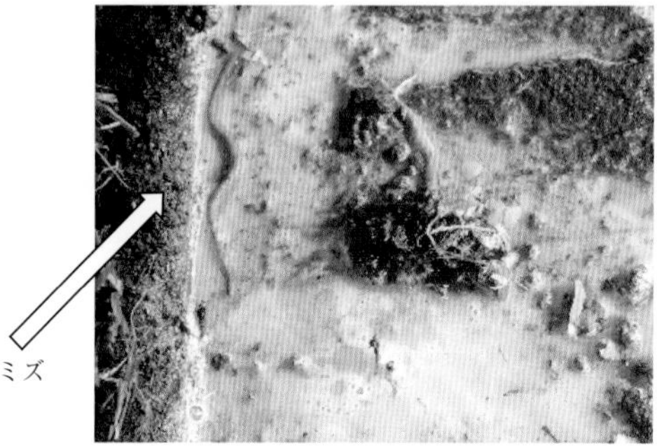

口絵 5　カラシ溶液によるミミズ採集の様子　→図 4.5

口絵 6　ツルグレン装置で採集したダニ（上，左）やトビムシ（右）　→5.3 節参照

口絵 7　耕起回数や有機物施用がミミズ群集に及ぼす影響を評価する試験プロットの様子（農研機構）
→6.4 節参照

口絵 8　リターバックの設置例　→図 6.10

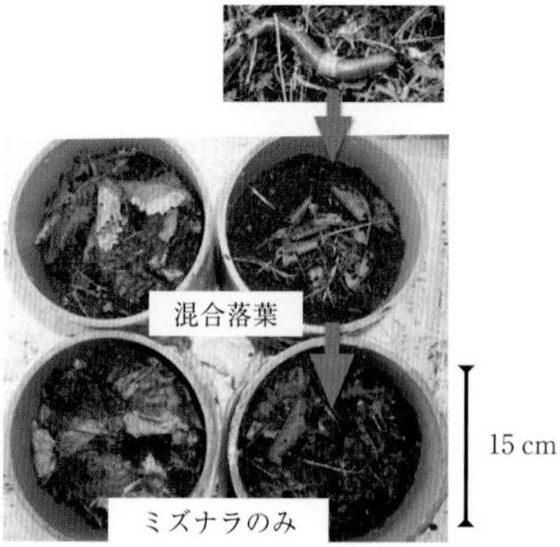

口絵 9　野外に設置したメソコズムの土壌表面の様子　→6.4 節参照

左列はミミズなし，右列はミミズ（ヒトツモンミミズ）を入れて5ヵ月経過したもの。落葉の樹種混合（上列）とミミズの選択性が低いミズナラ落葉を比較している。ミミズがいることで落葉の消失が早く，その傾向は混合落葉でより強い（北海道大学苫小牧研究林）。

口絵 10　土壌温度水分とミミズが形成する団粒形成量の関係を野外で把握するために用いたマイクロコズムを土壌に埋設した様子　→6.4 節参照

口絵 11　ミミズの影響を評価する実験の様子　→6.4 節参照

ミミズにより土壌構造が変化している。

生態学フィールド調査法シリーズ

10

占部城太郎
日浦　勉　編
辻　和希

土壌動物の多様性と機能解析

金子信博・金田　哲・豊田　鮎　著

共立出版

本シリーズの刊行にあたって

錯綜する自然現象を紐解き，もの言わぬ生物の声に耳を傾けるためには，そこに棲む生物から可能な限り多くの，そして正確な情報を抽出する必要がある。21 世紀に入り，化学分析，遺伝情報，統計解析など，生態学が利用できる質の高いツールが加速度的に増加した。このようなツールの進展にともなって，野外調査方法も発展し，今まで入手できなかった情報や，精度の高いデータが取得できるようになりつつある。しかし，特別な知識や技術をもちあわせたごく限られた研究者が見る世界はほんの断片的なものであり，その向こうにはまだまだ未知な領域が広がっている。さまざまな生物と共有している私たちが住む世界，その知識と理解を一層押し広げていくためには，だれでも適切なフィールド調査が行えることが望ましい。

本シリーズはこのような要請に応えて，野外科学，特に生態学が対象とする個体から生態系に至る多様な現象を深く捉え，正しく理解していくための最新のフィールド調査方法やそのための分析・解析手法を，一般に広く敷衍《ふえん》することを目的に企画された。

最新で質の高いデータを得るための調査手法は，世界の研究フロントで活躍している研究者が行っている。そこで執筆は，実際に最新の手法で野外調査を行い，国際的にも活躍しているエキスパートにお願いした。

地球環境変化や地域における自然の保全など，生態学への期待は年々大きくなっている。今や，フィールド調査は限られた研究者だけが行うのではなく，社会で広く実施されるようになった。このため本書は，これから研究を始める学生や研究者だけでなく，コンサルタント業務や行政でフィールド調査に携わる技術者，中学校・高等学校で生態学を通じた環境教育を実践しようとする教員をも対象に，それぞれの立場で最新の科学的知見に基づいたフィールド調査に取り組めるような内容を目指している。

フィールド調査は生態学の根幹であるが，同時に私たち人類にとっても重要である。40 年前に共立出版株式会社で企画・出版された『生態学研究法講座』にある序文の一節は，むしろ現在の要請としてふさわしい。「いまや人類の生存にも深くかかわる基礎科学となった生態学は，より深い解析の経験的・技術的方法論と，より高い総合の哲学的方法論を織りあわせつつ飛躍的に前進すべき時期に迫られている」

編集委員会

占部城太郎・日浦　勉・辻　和希

まえがき

土壌生物は，有機物分解の促進や土壌構造の改変といったほかで代替できない生態系機能を果たし，陸上生態系には欠かせない構成メンバーである。生態学は，生物間の相互作用や生物と環境との相互作用を対象とし，生態系の成り立ちや機能を理解する学問である。しかし，しばしば研究者は生態系の一部を自分の興味に沿って切り取り，単純化してデータを取り，理論化する傾向がある。陸上生態系では，緑色植物や昆虫，脊椎動物が多様な世界を形成しているため，これらのなかで目立つ生物の研究に多くの研究者が取り組んできた。

一方，国際生物学事業計画（IBP）[1] を契機として，土壌生物の分類・同定，生態や生活史，落葉の分解や団粒形成といった生態系機能について研究が進んだ。IBP では主として生態系の炭素循環を全球的に把握することに主眼が置かれ，分解者としての土壌微生物の重要性が認識されるようになったが，土壌動物の機能は小さいものと考えられた。すなわち，有機物が分解される「分解系」では，微生物に比べ現存量の少ない土壌動物がいなくても微生物によって「分解系」の機能が十分に維持されるというというものである。しかし，土壌動物は微生物にはない環境形成作用をもち，窒素のような栄養塩循環においては微生物とともに大きな機能をもつ。このことから，生態系の物質循環を考える上で土壌動物と土壌微生物は欠かせない研究対象となってきた。さらに，近年，急速に植物や地上の動物と土壌生物との相互作用についても理解が進んできた。したがって，生態学の基本に戻り，ようやく土壌でもその生態系の構成メ

1）国際生物学事業計画（International Biological Program）：1964～1972 年に実施された国際共同研究。「地球上の生物生産力の実態を調査研究して，その開発の最大の可能性を明らかにするとともに，人間の適応能力を明らかにして，激しく変化しつつある地球上の生物学的現状と将来の見通しについて正確な基本的資料を集め，生物資源の利用と人類の広義の環境の維持と改善とに科学的根拠を与えようとしたもの」で，陸上群集の生産力，生産過程，陸上の自然保護，淡水の生産力，海洋群集の生産力，人間の適応能力，生物資源の利用と管理を主な研究課題として実施された。この共同研究によって全球的な生態系の生産力を把握することができ，「地球の限界」についての認識が進んだ。

ンバーをすべて考慮した生態学研究が主流となってきた。

生態系では緑色植物が行う光合成によって太陽エネルギーが有機物として固定され（一次生産），それを出発点として植物を食べる一次消費者，消費者動物を食べる捕食者（二次消費者），さらに二次消費者動物を食べる捕食者というように「食う–食われる」の関係が生じ，生物がエネルギーと物質の流れでつながっている（生食連鎖）。植物も動物もその死体は，微生物を出発点とする腐食連鎖によって利用される。陸域生態系は水域生態系に比べて，一次生産のうちのより多くの割合が，緑色植物を起源とする生食連鎖ではなく，落葉や落枝のようなデトリタスとして腐食連鎖に流れることが知られている。

緑色植物は，土壌なしでは育たない。私たちの食物のほとんどは，土壌を介して作られている。現代の人類にとってきわめて重要な課題である持続可能な生物生産のためには，「土壌の健康」を維持する必要がある。近年，植物が土壌生物と密接な相互作用のもとに生活していることが，急速に明らかにされつつある。土壌動物の調査は，今後，植物の群集動態の理解だけでなく，土壌を保全する農業の推進のために必須となるだろう。

土壌動物の生活を理解するためには，生息場所である土壌環境の把握，主要な餌となっている土壌有機物や土壌微生物の情報を扱う必要がある。また，植物や地上の動物との相互作用についても研究法を学ぶ必要がある。本書では，これらの点に留意しつつ，土壌動物の基本的な分類，同定に関する情報，採集法や標本の保存法，そして土壌動物の野外での採集法と分解系の操作実験について解説する。

2020 年 2 月

金子信博
金田　哲
豊田　鮎

目　次

第1章 土壌環境と土壌生物

1.1 はじめに

土壌には，陸域で最も多くの**微生物**が生息している。微生物は，バクテリア，アーキア，原生生物，真菌類，一部の藻類の総称であり，独立栄養と従属栄養の生物を含み，ともに陸上生態系の物質循環に大きな位置を占めている。従来，微生物のなかで，細菌類（バクテリア，アーキア），原生生物，真菌類は別々の研究領域で研究されてきたが，生態系を一体のものとして考える場合，これら微生物間の相互作用，さらに微生物と土壌動物，そして植物との相互作用を考えることがきわめて重要である。

土壌動物は冬季や乾燥時の休眠場所として土壌を使う動物を除き，基本的に摂食や繁殖を土壌で行う動物を指す（Wallwork, 1970）。土壌動物は，主に落葉や枯れた根などの**デトリタス（detritus：枯死有機物）**を食べて暮らしている種が多い。したがって，生食連鎖を構成する地上部の動物とは別々の暮らしをしているように見える。しかし，土壌動物は，土壌で微生物による有機物の分解を助けるとともに，菌根や生きた根を食べることによって，直接植物の成長に影響している。また，土壌に坑道を掘ったり，団粒となる糞を排泄したりすることで，土壌構造を物理的に変えている。土壌動物は地上部に比べると小型な動物が多いが，土壌表層にきわめて多数生息しており，多くの地上性の動物の餌ともなっている。

陸上生態系の一次生産のほとんどは腐食連鎖に入り，多くがデトリタスとして安定して存在することから，デトリタス起源の食物網が陸上の食物網とリンクすることで，生態系の安定性を高めていると考えられている（Moore and Hunt, 1988）。したがって，陸上生態系の理解には野生植物の成長や，地上部の昆虫や哺乳類，鳥類といった生物群集を調べるだけでなく，分解者生物の働きを組み入れることが必要である。

1.2　土壌環境

土壌は，単なる細かな鉱物の集まりではない。岩石が細かく破砕された礫《れき》(gravel) やより小さい砂 (sand) やシルト (silt)，長い時間をかけて別の鉱物となった粘土 (clay) といった無機物から構成されている。研究分野によって区分が異なるが，土壌学の分野では粒子の直径が 2 mm より大きなものを**礫**，0.2～2 mm を**粗砂**，0.02～0.2 mm を**細砂**，0.02～0.002 mm を**シルト**，そして 0.002 mm より小さな粒子を**粘土**と呼んでいる。

土壌では無機物だけでなく，枯死した有機物や，有機物が分解過程で変性した**腐植**が無機物と混合して複雑な構造を作っている。粘土と腐植は粘土-腐植複合体を形成し，それが結合して孔隙のある，より大きな構造を形成している。これを**団粒**と呼んでいる（図 1.1）。団粒中には，枯死して土壌に移動してからの時間が異なる，さまざまな起源の有機物が含まれている。団粒を含む土壌では，団粒同士の間に粗大な孔隙が発達し，団粒内には微細な孔隙がある。土壌中の粒子の孔隙を満たす水は，孔隙のサイズと配置，粒径の大きさによって粒子に引きつけられる強さが異なる。粗大な孔隙の間は水が容易に移動し，微細な孔隙には水が強く保持されるので，大きさの異なる孔隙が土壌中に存在することで，**保水性**と**排水性**という土壌の相反する機能が発揮される。

土壌では風化した岩石からリンやカルシウム，マグネシウムといった**必須元素**が供給され，植物や動物がその元素を利用し，食物網によって土壌と生物の間を循環している。土壌孔隙を満たしている土壌水には必須元素を含む塩基類（陽イオン）や，窒素化合物の無機化によって生成された硝酸態イオンのような陰イオンが溶解している。土壌中の粘土や腐植の表面は，マイナスやプラスに帯電しており，溶液中の陽イオンや陰イオンを電気的に吸着している。したがって，土壌はイオン交換体ともいえる。土壌がイオンを吸着する能力をイオン交換容量と呼び，**陽イオン交換容量**（**cation exchange capacity**）はしばしば土壌の状態や性能を示す指標として使われる。植物は，根からこれらのイオンを取り込むことによって必要な元素のほとんどを得ている。土壌では植物が

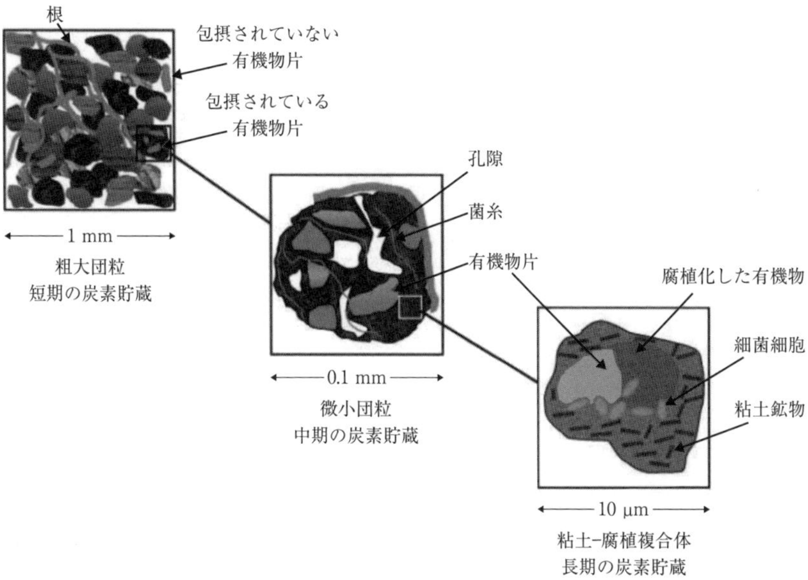

図 1.1　土壌団粒のモデル（Jones and Donnelly, 2004 を改変）

利用できる元素量は，風化による増加と，風や水による**土壌侵食**や地下水や河川への**溶脱**による減少のバランスで総量が決まる。さらに，土壌中には多量の枯死有機物があり，そこに含まれる元素類が微生物による**分解**によって有機物から**無機化**され，土壌水に溶け込み，植物に利用可能となる。枯死有機物の分解速度は，土壌のもつ重要な機能の一つである。

土壌の中に腐植が増えると，団粒が発達し，土壌の**物理性**や**化学性**がよくなる。また，陽イオン交換容量が増加すると，一般に植物の成長がよくなる。したがって，農地管理においては腐植量が多いことは，良い土壌の指標となる。土壌の腐植量は一般に土壌炭素量として表現されるので，土壌炭素量（濃度）は，土壌の重要な指標の一つである。

土壌の機能と土壌生物の関係の観測や，測定方法については第 6 章で詳しく述べる。

1.3　土壌生物の分類群と生活史

土壌生物はサイズが小さいほど，未記載種の割合が増加し，微生物ではほとんどが記載されていない（Decaëns, 2010）。土壌生物の調査にあたって種の同定には多大な労力がかかる。今後，遺伝子バーコーディングの導入により迅速な調査法が開発されることが望まれる。ここでは，主要な分類群の特徴について簡単に述べる。

1.3.1　土壌微生物

土壌にはバクテリア，アーキア，真菌，そして原生生物などの微生物が多数生息している。ほとんどの微生物は人工的に培養できないが，近年のシーケンシング技術の急速な発達によって，遺伝子情報の形でどのような微生物が土壌に生息しているかがわかるようになってきた。

バクテリアは，基本的に単細胞の原核生物である。細菌には化学合成独立栄養，化学合成従属栄養，従属栄養のものが含まれ，藍色細菌のように土壌表面で光合成をするグループは，とくに遷移初期の土壌で重要な一次生産者である。一方，従属栄養細菌は有機物の分解者として重要である。

マメ科植物の根に共生する窒素固定菌はプロテオバクテリア門に含まれ，陸上生態系で不足しがちである窒素を大気から固定する能力があり，植物による一次生産に大きく影響している。そのほか，アクチノバクテリア門に含まれる放線菌の仲間も一部の植物と共生して空中窒素を固定している。

アーキアは古細菌とも呼び，バクテリアと同様，単細胞の原核生物である。バクテリアとは細胞膜の構造が異なり，厳しい環境からも見つかる。メタン生成や脱窒など地球環境問題となっている温室効果ガスの土壌からの放出に関係している種も含まれる。

真菌はカビやキノコの仲間で，真核生物である。土壌中ではバクテリア，アーキアとともに主要な有機物分解者である。特に，真菌は陸上生物が多量に生産するリグニンのような分解が困難な有機物を分解する能力があり，真菌が多いことは，陸上生態系の分解系の大きな特徴となっている。また，植物の根に共生する菌根菌は，植物にリンやカリウム，水分などを供給する一方，植物から炭水化物を得る**相利共生**関係にある。

バクテリアとアーキアは，**好気環境**と**嫌気環境**で活動を変える種や，どちらか一方の環境だけを好む種がいる。土壌団粒の内部は嫌気的になるので，団粒の表面とは微生物の種構成が異なり，土壌内の微小な場所の違いによって異なる物質代謝が行われている。

1.3.2　土壌動物

土壌にはさまざまな大きさの動物が多数生息しているが，土壌動物とは，すでに述べたように**生活史**の一部あるいは全部を土壌で過ごす動物のことを指す（図 1.2）（Wallwork, 1970）。たとえば，セミは幼虫の長い時間を土壌で植物の根を吸汁して過ごし，成虫の短い時間のみ地上で暮らす。この場合，セミの幼虫は土壌動物であり，成虫は土壌動物ではない。ハサミムシはよく捕食のために地上の植物に登ってくるが，基本的に土壌で暮らしている捕食者である。一方，ナミテントウの成虫は暖かい間は地上で暮らし，アブラムシを捕食してい

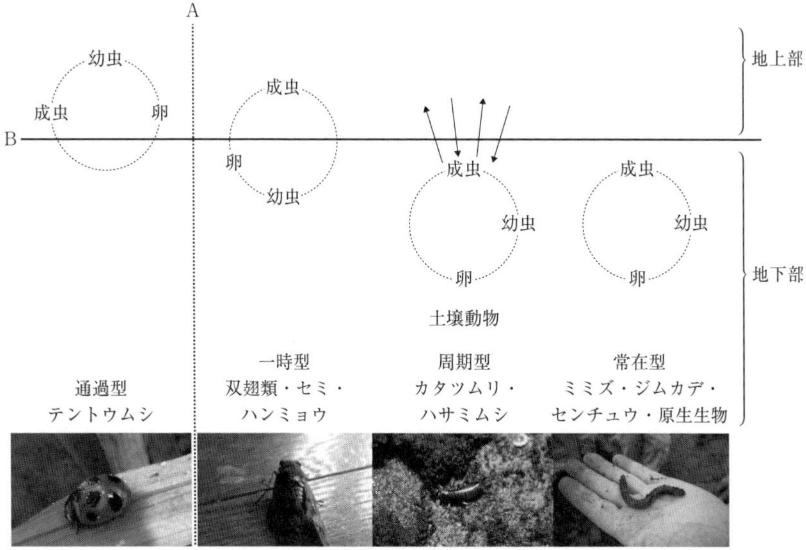

図 1.2　土壌動物の生活史と生息場所の関係（Wallwork, 1970 を改変）
線 A の右，かつ線 B の下を土壌動物とみなす。

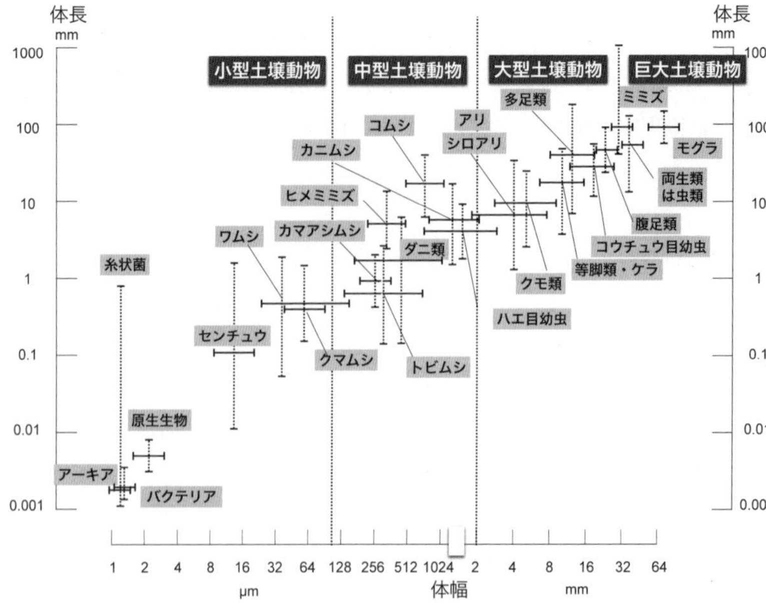

図 1.3　土壌生物の分類群とサイズ（Swift *et al.*, 1979 を改変）

るが，寒くなると樹皮の下や，落葉の下などで越冬する。越冬の際には休眠しているだけで，落葉の下で餌を食べるわけではないので，ナミテントウは土壌動物には含めない。

土壌には陸上生物のほとんどの分類群が出現する。表 1.1 は主要な分類群をまとめたものである。

土壌動物は小型であるばかりでなく，眼が退化したり，白化したりして土壌の光のない環境に適応したものが多い。また，土壌中の相対湿度はつねに高いので，表層性の種を除くと乾燥への耐性があまり発達していない。そのほか，偏平や細長い体型をしていたり，土壌を掘削するための前脚が発達したりしているものなどがいる。土壌動物の生活を理解するためには，分類学的な区分のほかに，体の大きさや生態系における機能によって区分するとわかりやすい。一般に体の大きさで区分する場合，体の長さよりも幅で分けられている（図 1.3）。土壌中での移動を考えると，動物の大きさは体の幅によってうまく分類できるだろう。

土壌の微小な隙間には，毛管力によって水が保持されている。たとえば体の幅が 100 μm よりも小さい動物（小型土壌動物）の場合，土壌中の液相に体を浸して暮らしている。この大きさの動物は，原生生物やワムシ，センチュウである。一方，体の幅が 100 μm から 2 mm 程度（中型土壌動物）になると，土壌中の気相を移動するので，体から水分が消失しないようにクチクラが発達する節足動物が多くなる。さらに体の幅が大きくなると（大型土壌動物），土壌中にある隙間では生活できないので，落葉と土壌の間や，自ら土壌に穴をあけて移動する動物となる。落葉層と土壌の表層を利用する動物はダンゴムシの仲間（等脚類）や唇脚類（ムカデ），倍脚類（ヤスデ），コウチュウなどである。一方，積極的に土壌に穴をあけるのは，ケラやミミズである。ケラは前脚がモグラのように穴を掘るのに適した形に変化している。ミミズはそれに対して，線形の体をしていて，ある程度太さを変化させることができる。また，体表に粘液を分泌していて，土壌中での移動を容易にしている。モグラの仲間は，哺乳類の中では小型であるが，土壌では最も大きな動物（巨大土壌動物）であり，ミミズなどの捕食者である。

土壌中での分布を見ると，小型の動物は土壌中の孔隙を通ってある程度深いところまで潜ることができるが，中型や大型の動物は土壌構造の制約を受けて，表層には多いが，深いところには少ない。自分で穴を掘ることのできるケラやミミズは例外的に大きな体をしているが，自分で坑道を掘ることによって土壌の深いところまで利用している。

このような大きさによる区分は，一般的な動物の採集法と対応している。すなわち，小型土壌動物は，土壌を水に浸すことで泳ぎ出す動物を採集する。原生生物では微小な土壌のかたまりをスライドグラスに置いて，水を加えたり，寒天培地に置いたりすることで，培地の水分を使って周りに移動してくる個体を観察できる。センチュウはティッシュペーパーや細かいネットの上に土壌を置き，水に浸すことで泳ぎだしてくるセンチュウを集めることができる。一方，中型土壌動物のうち小型節足動物は土壌を乾燥させると下方へ移動するので，土壌の下に用意した容器に落ちるのを採集する。大型の動物は土壌ごと採集して見つけ取りするか，地表を移動する動物は落とし穴（ピットフォールト

表 1.1　土壌動物の主要な分類群（学名，和名，主な種の例）と主要な食性

分類群				主な和名	食性
小型土壌動物 (soil microfauna)	原生生物 Protista				
				繊毛虫	微生物食性
				アメーバ	微生物食性
				有殻アメーバ	微生物食性
		センチュウ綱 Nematoda		センチュウ	微生物食性
中型土壌動物 (soil mesofauna)	緩歩動物門 Tardigrada			クマムシ	微生物食性
	環形動物門 Annelida				
		ミミズ綱 Oligochaeta	ヒメミミズ科 Enchytraeidae	ヒメミミズ	腐生食性
	節足動物門 Arthropoda				
		クモガタ綱 Arachnida			
			カニムシ目 Pseudoscrpiones	カニムシ	捕食性
			ダニ目 Arari	ダニ	捕食性，微生物食性
		多足類 Myriapoda			
		エダヒゲムシ綱 Pauropoda		エダヒゲムシ	腐生食性
		コムカデ綱 Symphyla		コムカデ	腐生食性
		昆虫綱 Insecta			
			カマアシムシ目 Protura	カマアシムシ	微生物食性
			トビムシ目 Collembola	トビムシ	微生物食性，腐生食性
			コムシ目 Diplura	コムシ	捕食性

	分類群	主な和名	食性
大型土壌動物 (soil macrofauna)	環形動物門 Annelida		
	ミミズ綱 Oligochaeta	（大型）ミミズ	腐生食性
	節足動物門 Arthropoda		
	クモガタ綱 Arachnida		
	サソリ目 Scorpionida	サソリ	
	ザトウムシ目 Opiliones	ザトウムシ	捕食性
	クモ目 Aranea	クモ	
	甲殻綱 Crustacea		
	ワラジムシ目 Isopoda	ワラジムシ	腐生食性
	ヨコエビ目 Amphipoda	ヨコエビ	
	多足類 Myriapoda		
	ムカデ綱 Chilopoda	ムカデ	捕食性
	ヤスデ綱 Diplopoda	ヤスデ	腐生食性
	昆虫綱 Insecta		
	ハサミムシ目 Demaptera	ハサミムシ	捕食性
	シロアリ目 Isoptera	シロアリ	腐生食性
	コウチュウ目 Coleoptera		
	ハエ目 Diptera	ハエ（幼虫）	腐生食性
	ハチ目 Hymenoptera		
	アリ科 Formicidae	アリ	雑食性
巨大土壌動物 (soil megafauna)			
	哺乳動物門 Mammalia	モグラ	捕食性

ラップ）を仕掛け，落ちるのを待つ。採集法については，第4，5章で詳しく説明する。種の同定に関しては『日本産土壌動物』（青木，2015）を，主要な土壌動物の最新の解説は，Global Soil Biodiversity Atlas[1] を参照されたい。

1.3.3　原生生物の仲間

現在分類学的には「原生生物」という分類群は存在しないが，きわめて多様な分類群を含む生物の総称である（Adl and Gupta, 2006）。土壌中の動き方の特徴によって体を変形させるアメーバ（裸アメーバ，殻アメーバ），鞭毛で移動する鞭毛虫，繊毛で移動する繊毛虫などに分けられてきた。これらは，土壌の液相に生息し，土壌が乾燥すると乾燥に長期耐えることができる休眠態，すなわちシストを形成する。土壌動物のなかでは最も体の小さなグループである。

生態学的な機能としては，土壌の液相中の細菌類を摂食することで細菌のバイオマスや種構成を変化させ，その結果，植物の根の生長に影響が及ぶこともある（Bonkowski, 2004）。また，原生生物は菌類の主要な捕食者でもある（Chakraborty *et al.*, 1985）。原生生物はサイズが小さいが，世代の回転速度が高いため，土壌のエネルギー流のなかで主要な位置を占める。ツンドラ土壌での推定では，バクテリア，繊毛虫，裸アメーバ，有殻アメーバの現存量がそれぞれ炭素量換算で乾燥土壌1gあたり20～120 μg，2～14 μg，0.13～0.94 μg，2～20 ngであった（Anderson and McGuire, 2013）。この土壌では現存量が低いものの繊毛虫の捕食によるバクテリア群集への強いトップダウン効果があり，捕食圧がバクテリアの個体数を制御していた。

1.3.4　センチュウ

センチュウは線形動物ともよばれ，40 μmから1.0 mm程度の体長で，線形の一見単純な体に見えるが，消化管をもち，雌雄の別がある多細胞動物である。土壌には植物寄生性や昆虫寄生性のほか，細菌食，糸状菌食，捕食性のセンチュウが多数生息し，寄生性（病原性）センチュウと区別して自活性センチュウと呼ばれている。土壌では自活性センチュウがセンチュウ個体数の60～80%

1）https://www.globalsoilbiodiversity.org/atlas-introduction　2019年12月12日確認。

を占め，有用なセンチュウも含まれているが，寄生性センチュウに比べ，研究は遅れている（Neher, 2010）。土壌中の液相や，土壌粒子表面の水膜を利用しており，土壌が乾燥すると乾燥に長期耐えることのできる休眠態であるシストを形成する。土壌中の 25～100 μm のサイズの孔隙を利用しており，土壌のすべての部分に生息できるわけではない。

センチュウは植物や動物寄生性も含まれていることから，農学分野で研究が進んでおり，センチュウの実験法についての書籍が出版されている。2014 年に『線虫学実験』（水久保・二井）が出版されたので，より専門的な情報はそちらを参照して欲しい。この本には，自活性センチュウから寄生性センチュウまで，そしてセンチュウの形態観察から遺伝子を用いた実験法が詳しく紹介されている。一方，植物や動物寄生性以外にも土壌には多くの自活性センチュウが生息しており，機能群ごとの個体数割合は，さまざまな土壌指標の計算に用いられている。さらに，センチュウの多くは，微生物の摂食を通して土壌における物質循環に大きな役割を果たしている。したがって，センチュウの個体数や機能群の割合を知ることは，土壌におけるセンチュウの生態学的な役割を知るために欠かせない。

1.3.5 ヒメミミズ

体長 1 cm ほどの小型のミミズ（Microdril Oligochaeta）で，細菌や真菌の菌糸や胞子を食べる微生物食者，分解途中の有機物を食べる腐生食者を含む。乾燥土壌を除くさまざまな土壌に生息するが，とくに常緑針葉樹林下の酸性土壌や，湿原土壌といった腐植層が厚く堆積するところでは高い密度を示す。日本では最近の研究例がほとんどないが，農地でも森林土壌でも生態学的に重要なグループである。

1.3.6 小型節足動物

小型節足動物は，大きさの分類では中型土壌動物に含まれる。土壌中では主に空隙中を移動しているが，体の幅が 0.2 mm 以上あり，土壌の液相に体を浸すことができないので，体表にクチクラ層が発達する。表層性の種は地中性の種に比べて耐乾性が高い。また，地表に出て真菌類の子実体を摂食する種もいる。細菌や真菌の菌糸や胞子を食べる微生物食者，分解途中の有機物を食べる腐生食者，藻類，花粉などを食べる植食者，そして，センチュウやほかの小型節足動物を食べる捕食者が含まれる。主要な分類群はササラダニ（Cryptostigmata）などのダニ目（Acari），トビムシ目（Collembola），カマアシムシ（Protura），コムシ目（Diplura），カニムシ目（Pseudoscorpionida）などを含む。また，ハエ目（Diptera）幼虫も多数土壌で生活している（Frouz, 1999）。特に，ササラダニとトビムシは多くの土壌で個体数が多く，生態学研究の材料としてもよく使われてきた。

ダニ類には腐植，菌食性のササラダニ，コナダニ（Astigmata）と，ほぼ捕食性であるトゲダニ（Mesostigmata），ケダニ類（Prostigmata）が含まれる。なかでもササラダニは，細菌，真菌，腐植，花粉などを食べることが知られている（Behan-Pelletier and Hill, 1983）。幼虫は6脚で，それ以降の発育段階では8脚となる。幼虫-第一若虫-第二若虫-第三若虫-成虫の5つの発育段階をもち，形態により種まで同定できるのは成虫のみである。土壌から抽出される個体は成虫が多いので，生態学的な研究では幼若虫は抽出効率が悪いことを考慮する必要がある。同じように個体数の多いトビムシがもっぱら捕食者から逃避するのに対し，ササラダニは忌避物質で捕食を逃れているといわれている（Peschel *et al.*, 2006）が，アリにはササラダニを専門に食べるグループもある。

トビムシは，内顎類（Entognata）の無翅の六脚虫類であり，ダニ類と並んで土壌中の主要な小型節足動物である（Hopkin, 1997; Rusek, 1998）。生活史は年1回（1化）から2, 3回繁殖するものまであり，微生物食者と腐生食者がほとんどであるが，緑色植物（特に芽生え）食，藻類食，捕食性（センチュウ，ワムシ，ヒメミミズ）と考えられる種もいる（Rusek, 1998）。

体型は腹部にチューブ状の腹管をもち，尾端に跳躍器をもつ。脱皮を繰り返して成長するが変態はしない。地中性種は色が薄く，触角が短い，小型でずんぐりした体型で，跳躍器が退化するなどの特徴をもち，土壌中の光や空間の少ない環境に適応している。一方，表層性種は，さまざまな体色をもち，触角が長く，跳躍器が発達している。体表にウロコや長い毛を密生しており，体の乾燥を防ぐ効果があると考えられている。捕食性のトゲダニやヤドリダニ，カニムシ，アリ，クモ類（特にサラグモ科（Agusti *et al.*, 2003））の重要な餌となっている。そのほか，ムカデ，トリ，トカゲ，サンショウウオなどにも捕食されている。

ハエ目（Diptera）幼虫は，幼虫時に腐植食のものが土壌に生息している(Frouz, 1999)。成虫となると地上に移動するので，土壌から地上への物質の動きに寄与している。また，農地では根食性のものが作物の発芽時に特に害虫として問題となる。

1.3.7 大型土壌動物

陸棲等脚類（ワラジムシ目 Isopoda）は大型土壌動物のなかで，個体数が多く，落葉分解に大きな影響をもつ。ワラジムシ目には，人間の住環境でも目に付くオカダンゴムシ（*Armadilidium vulgare*）やワラジムシがいるが，これらはヨーロッパ原産の外来種である。また，湿性の立地には端脚類（陸棲ヨコエビ Amphypoda）が生息していて，やはり落葉分解に寄与している。

ミミズ類の多くは，ヒメミミズと比べて大型の体をもち，ヒメミミズと区別するために大型貧毛類（Megadril Oligochaeta）と呼ばれ，落葉分解，土壌構造の改変に大きな働きをしている。さらに，地上部に生息する昆虫や脊椎動物の重要な餌となっている。

生活型は表層性（epigeic），地中性（endogeic），表層採食地中性（anecic）に区分され，生態学的な機能が理解しやすい（図 1.4）（金子・伊藤，2004）。表層性種は，落葉と土壌の間や，表層土壌に生息し，決まった坑道をもたない。落葉を土壌とともに摂食する。地中性種は土壌に坑道を掘り，土壌中，特に根圏の有機物を摂食している。表層採食地中性種は表層性種と同様に落葉を食べるが，自分の坑道をもち，採食時や交尾時以外は地中にいる。主に夜間に坑道から半身を出し，落葉や土壌表層の腐植層を食べるとともに，坑道の入口まで落葉を集める行動を行う。

アリ類（Hymenoptera, Formicidae）は，社会性昆虫であり，種子食，ネクター食，捕食性を含み，ササラダニやトビムシ・ヤスデを積極的に捕食する種もいる。土壌の深い層まで達する巣を構築したり，落葉を集めてマウンド上の巣を作ったりするので，土壌構造の改変の効果もある。

シロアリ目（Isopotera）も，社会性昆虫であり，落葉，枯死木，土壌腐植な

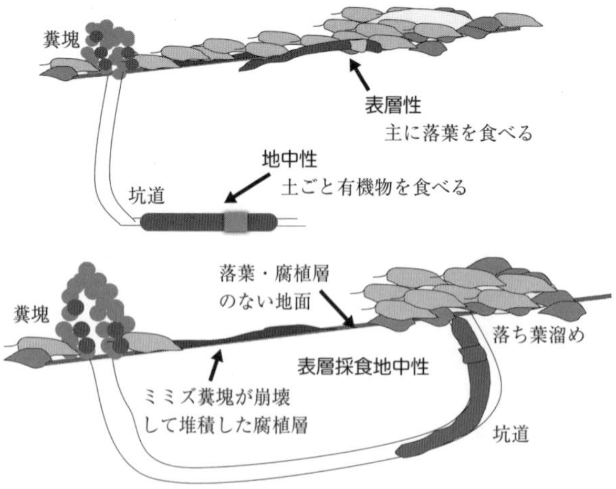

図 1.4　ミミズの生活型（金子，2007）

どを摂食する（竹松，2012）。樹上，立木の枯れ枝，倒木，土壌中に巣を作り，マウンド上の巨大な巣を作る種もいる。熱帯地域で最も多様性が高く，高緯度では多様性，個体数ともに少ない。

ヤスデ綱（Diplopoda）は，枯死有機物や土壌，倒木の菌類や地衣類を主に摂食し，土壌と落葉堆積層のほかに，樹幹の外側や樹皮内，倒木の内部，洞窟などに生息する。成虫は捕食者に対して，ベンズアルデヒドなどの被食防御物質を分泌する種が多い（Hopkin and Read, 1992）。一方，アリ類などによる成虫の捕食が，しばしば観測されている。生息密度は時にきわめて高密度になることがある。キシャヤスデ，ミドリババヤスデ，ヤケヤスデなどはしばしば線路上に多数出現して列車の運行に支障が出ることがある。また，ヤンバルトサカヤスデは，和名に「ヤンバル」がついているが外来種で，沖縄，鹿児島，静岡，神奈川などで高密度になることがある。

ムカデ綱（Chilopoda）は，捕食性の多足類で，落葉と土壌の間や，土壌中に生息している。小型の種は，土壌孔隙をぬって土壌の深い層まで移動できるが，多くの種は落葉と土壌の間を移動して捕食する。

クモ目（Aranea）は，土壌表層にも多く生息し，小型の網を張る種と徘徊して捕食を行う種がいる。幼齢期に土壌表層を利用し，やがて植物上で網を張る種もおり，土壌と地上の食物網のリンクを考える上で重要である。

1.4　土壌生物の生態機能群

土壌生態系の調査や解析を行うために，生態学的な働きが似た種を生態機能群（ecological functional group）にまとめて扱うことが多い。土壌から得られた微生物や土壌動物のすべての種を同定し，それらの種間関係を調べることは，現時点ではできない。土壌動物の生活史についても不明な種が多く，研究をする範囲や季節が適切であるか，検討する必要がある。特定の分類群に限定して遺伝子解析を行うことで，OTU[2)] レベルでの解析が可能であるが，どの種が何を食べるかといった食物網関係を正確に調べることは困難である。

土壌生物を類型化するには，図 1.3 で示したサイズのほかに，食性，生息場所，食物連鎖上の位置などが有用である（図 1.5）。植物や地上の動物群と関連づけて比較可能な土壌生物の生態機能群としては，微生物（microbes，この図では細菌とカビに分けている），微生物食者（micrograzers, microbial grazers），落葉変換者（litter transformers），生態系改変者もしく生態系エンジニア（ecosystem engineer）に分けることが多い（Lavelle *et al.*, 1998；金子・伊藤，2004）。また，落葉変換者は化学的変換者（chemical transformer）とすることもある。さらに，捕食者（predators），根食者（root grazers）を区別する必要がある。

微生物，特に真菌類には植物の根と共生する菌根菌，植物体内部に生息する内生菌（endophyte），植物を犯す病原菌（pathogens）がいる。センチュウにも根から吸汁する植食性の種のほかに，植物寄生性（plant parasitic）のものがいる。

生態系を構成する生物を生態機能群に分けることは，研究者の研究目的や主観に大きく左右されるが，土壌生態系の安定性や窒素無機化機能の解析では，ここで述べたような生態機能群に基づく類型化で生態学的な解析が十分妥当性

---

2)　OTU: operational taxonomic unit の略。遺伝子の塩基配列にもとづき種を規定しようとすると，得られた個体別の配列の相同性によって種の定義が異なる。便宜的に分類学的に異なる生物を種の定義をせずに取り扱う単位として，たとえば 97% 相同であるものを同一の OTU として取り扱う。

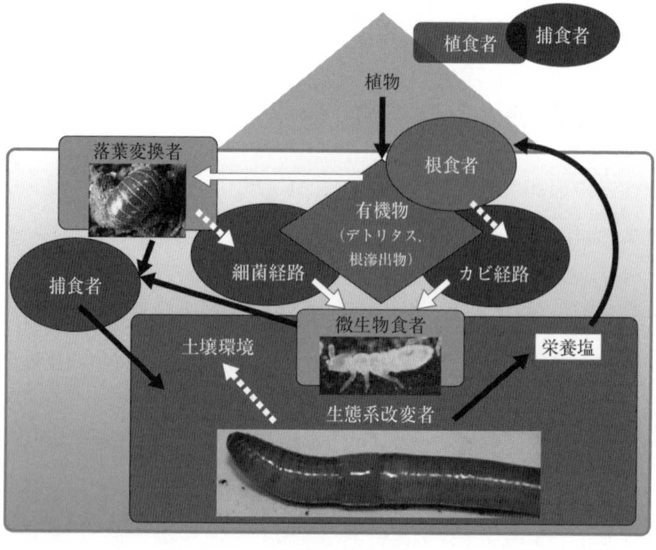

図 1.5　土壌生物の生態機能群（金子，2007 を改変）

をもって可能であると考えられている（Moore and de Ruiter, 2012）。

1.5　土壌生物の地理分布

土壌生物を含む生態学的な調査を始める前に，調査地の生態学的な位置について考えてみよう。調査対象とする地域にはそもそも，どのような土壌生物が分布しているのだろうか（**地理分布**）。あるいは，森林や草原，農地といったハビタットごとの種構成（**生態分布**）はどの程度違うのだろうか。さらに，調査にあたって土壌をどの程度の深さまで調べればよいかについても，生物の分布に応じて決めることができるだろう。

土壌動物は，原生生物やセンチュウのような小型のものから，ミミズやモグラのような大型のものまで実に多様な分類群を含む。**陸上生態系**は，気候や地形，土壌といった環境条件の影響を受け，植生や動物群集の構成を大きく規定している。世界的に見ると，植物の生育する場所には少なからず土壌が形成され，その土壌には何らかの土壌動物が生息している。一般に地球上では赤道か

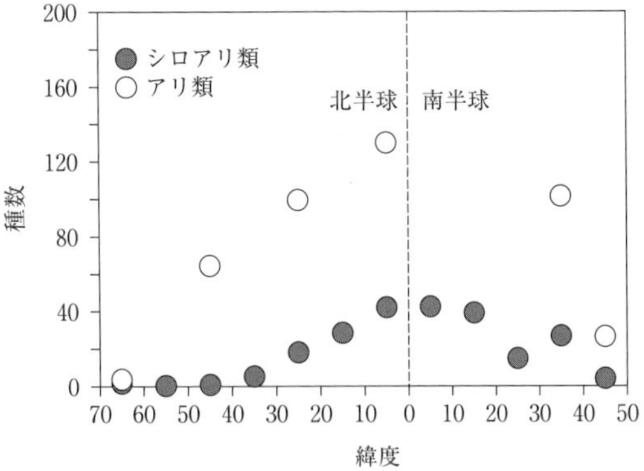

図 1.6　シロアリとアリの緯度による多様性変化の傾向（Decaëns, 2010 を改変）

ら極域にかけて気温が低下し，それにともなって植物の現存量や一次生産速度が低下する。このような地理的傾度に対して，土壌生物では多様性が明瞭に減少する生物群と，変化があまり明瞭でない生物群が知られている（De Deyn *et al*., 2005; Decaëns, 2010）。土壌動物のなかで熱帯に多様性の中心があるものの代表は，アリやシロアリである（図 1.6）（Decaëns, 2010）。東南アジアの熱帯林では 30 種以上のアリやシロアリが 10 m 四方程度の狭い範囲で見つかるが，緯度が高くなると種数が減少する。一方，温帯に多様性の中心があるものの代表は，ミミズ（Phillips *et al*., 2019）である。また，同じ地域では，標高が高くなると，ミミズやアリ，シロアリといった動物群の種数は減少する（Decaëns, 2010）。

土壌微生物は土壌中で自ら移動する能力が乏しいが，微生物自体は土壌だけでなく，地球上のあらゆる環境から見つかる。体が小さく，移動中の環境の変化に耐えることができる微生物は受動的に風や水流に乗って移動分散することができる。土壌に生息するバクテリアの大きな分類群の構成を異なるバイオームごとに見ると（図 1.7），意外にも乾燥地以外はきわめてよく似た組成をしている（Fierer and Jackson, 2006）。一般にアシドバクテリア門のバクテリアが最も多く，次に α，γ，δ プロテオバクテリア門，アクチノバクテリア門が多かった。乾燥地ではアクチノバクテリア門が優占する。

深さ 1 m までの土壌微生物バイオマス（鉱質土壌に限定[3)]）をバイオームご

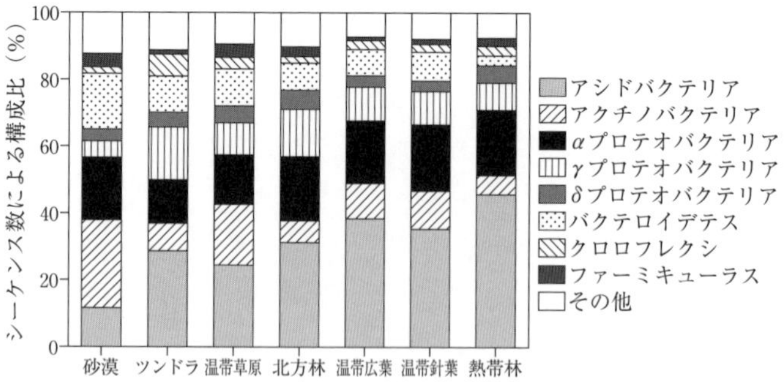

図 1.7　世界のバイオームごとの土壌バクテリアの門レベルの構成比（Fierer *et al.*, 2009）

とに比較すると，熱帯林（203 g C m^{-2}）＞温帯針葉樹林（175 g m^{-2}）＞ツンドラ（136 g m^{-2}），温帯草原（131 g m^{-2}），温帯落葉樹林（116 g m^{-2}）＞北方林（57 g m^{-2}）＞砂漠（43 g m^{-2}）となった（Fierer *et al.*, 2009）。土壌微生物バイオマスは，一次生産速度，下層植生の一次生産と有意な正の相関が見られ，特に土壌炭素含有率との相関が高く，炭素量に対して 0.6～1.1% であった。

生態系ごとに土壌動物の平均的な現存量を見ると，センチュウやヒメミミズなどの小型の土壌動物は，ツンドラや温帯草原，温帯針葉樹林といった比較的寒冷な場所で高い現存量を示す（表 1.2）（Petersen and Luxton, 1982）。ダニ類は温帯針葉樹林と温帯落葉樹林（モル型土壌）で最も多い。大型ミミズは温帯草原と温帯落葉樹林（ムル型土壌）で現存量が特に多いことがわかる。一方，シロアリ目はこの資料では熱帯草原と熱帯林にしか分布していないとされる。

すべての土壌動物の現存量を足し合わせると，温帯落葉樹林（ムル型土壌）で最も多く，ついで温帯草原となり，大型ミミズが優占することがこのようなパターンをもたらしていた（Petersen and Luxton, 1982）。センチュウ，ダニ類，トビムシ，ヒメミミズ，そしてミミズに絞って図 1.7 と同じスケールで世界のバイオームごとの土壌動物構成比を比べた場合（図 1.8）（Fierer *et al.*, 2009）にも，ほぼ同じパターンが見られたが，熱帯ではミミズのバイオマスが従来より多い結果が得られている。

3)　この推定では，落葉層や腐植層のみの調査例を除き，鉱物質土壌では深さに応じて指数的に現存量が減少するという仮定で推計してある。

表 1.2 主要な世界のバイオームにおける重要な土壌動物群の現存量の推定（Petersen and Luxton, 1982）

括弧のつかない数値は 5 以上の個別の推定値の中央値を示す。括弧内の数値は 5 未満の値にもとづく，仮の値である。単位は 1 平方メートルあたりの mg 乾燥重量。

分類群		バイオーム						
		ツンドラ	温帯草原	熱帯草原	温帯針葉樹林	温帯落葉樹林（モル型土壌）	温帯落葉樹林（ムル型土壌）	熱帯林
		tundra	temperate “grassland”	tropical “grassland”	temperate coniferous forest	temperate deciduous forest（mor）	temperate deciduous forest（mull）	tropical forest
原生生物	Protista				（全体をとおして 200 程度）			
センチュウ	Nematode	160	440	(50)*	120	330		(50)′
ヒメミミズ	Enchytraeidae	1800	330	(20)′	480	430		(20)*
トビムシ	Collembola	150	90	(10)′	80	(130)′	110	(20)′
ササラダニ	Cryptostigmata	60	110	(20)′	450	(700)′	180	—
中気門ダニ	Mesostigmata	20	(60)′	(10)′	(80)′	40		—
前気門ダニ	Prostigmata	10	(40)′	(50)′	(30)′	(10)′		—
ダニ類（全体）	Acari（in toto）	90	(120)′	(80)′	500	(900)′	(300)′	(100)′
大型ミミズ（消化管内物抜き）	Large Oligochaeta (empty gut)	330	3100**	170	450	200	5300	340
ヤスデ綱	Diplopoda	(∼0)*	1000	(10)′	50	420		20
ハエ綱幼虫	Diptera larave	470	60	(10)′	260	330		(−0)′
シロアリ目	Isoptera	0	(∼0)′	∼1000	0	0		(1000)′
ムカデ綱	Chilopoda	(20)′	140	(5)′	70	130		5
ハネカクシ	Staphylinidae	(50)′	(80)′	(10)*	120	90		(10)*
クモ類	Aranaea	10	(30)′	(30)′	50	40		20
腹足類		(∼0)*	(100)*	(10)*	(20)′	270		(10)′
アリ類		(∼0)*	100	(300)′	(10)′	(10)′		(30)′
合計		3300	5800	1900	2400	3500	8000	1800

注：* はデータがないうえでの推定。** は北米のプレーリーサイトのデータを除く。

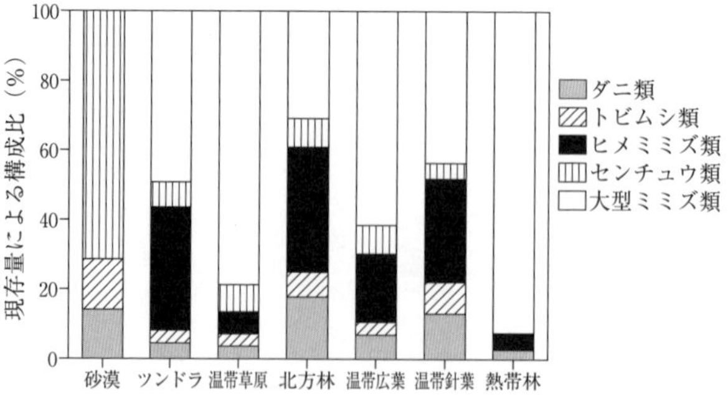

図 1.8　世界のバイオームごとの主要な土壌動物群の構成比（Fierer *et al*., 2009）

土壌生物の分布をより小さなスケールで考えると，土壌という移動が難しく，不均一な生息環境に分布することを反映して，局所的な多様性が高い（Decaëns, 2010）。このことは，土壌動物の野外調査において大きな制約となってきた。

1.6　陸上生態系の遷移と土壌生物

前節で述べた分布とサイズの関係は，**陸上生態系の遷移**と土壌生物相の関係を見ても一定の傾向がある（図 1.9）。一次遷移の初期には微生物が窒素固定や一次生産を行い，やがて蘚苔類，草本植物，樹木と順にサイズの大きな生物が地上部に現れ，それにつれて枯死有機物や根の量が増え，土壌生物の生息環境が急速に変化する。土壌では，光合成によって供給される有機物の量や質の変化を反映して，地上部と同じような遷移が生じる。また，土壌生物同士の食物網関係が発達する。すなわち，一次遷移の初期には細菌しかいないが，やがて微生物のバイオマスが増えると微生物を食べる小型土壌動物である原生生物やセンチュウが定着し，次に小型の節足動物が現れる。逆にミミズのような大型土壌動物は遷移が十分に進んでからでないと生息できない。主にミミズを餌とするモグラは最も安定した状態で出現する。

土壌の物理的撹乱は，自然の土壌ではほとんど生じない。農作業における耕《こう》耘《うん》のような土壌を撹乱する管理は大型の土壌動物により強い影響を与える。森

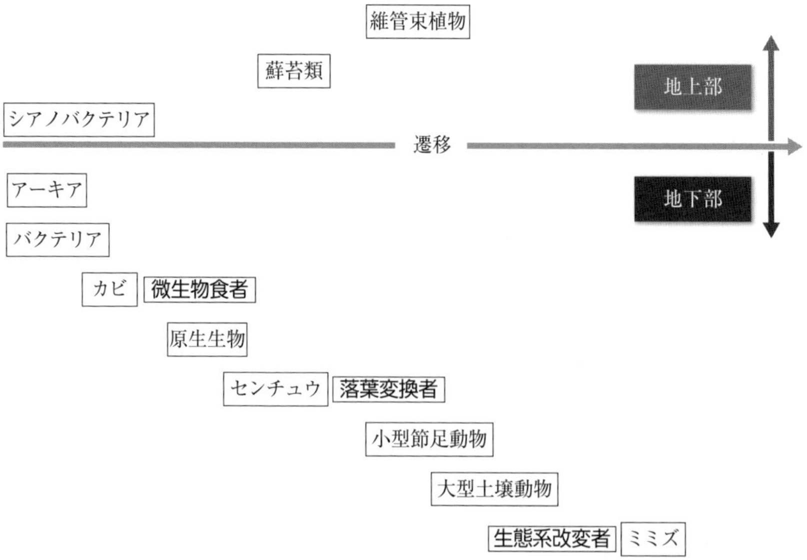

図 1.9　生態遷移と土壌生物の組成

林の伐採や農地における耕耘は，モグラやミミズを土壌から容易に排除するが，小型の生物はこのような環境変化に対して相対的に強い。結果的に，農薬や肥料を多用する近代農法を行う農地であっても，センチュウや原生生物，そして微生物はある程度生息可能である。

一般に土壌生物は土壌の表層に多く分布している。これは，落葉や落枝のような**リター**が地表面に供給されることや，植物の根が深さ 30 cm までに集中しており，土壌生物の餌資源となる有機物も表層に集中しているためである。植物と土壌との関係を考える時，植物の根が分布している**根圏**を意識して，たとえば 30 cm の深さを目安とするなど調査を行う深さを選択する必要がある。一方，土壌表層ではなく深い層に分布の中心がある種も存在するので，調査をしたい種の分布に応じたサンプリングも考える必要がある。

土壌生物の野外調査に役立つ参考書

これまで土壌生物の調査法に関しては多くの図書が刊行されてきた。ここでは，特に野外調査に役立つ参考書や図鑑類を紹介する。

・野外調査法を含むもの

Anderson, J. M., Ingram, JSI. (1993) *Tropical Soil Biology and Fertility: A Handbook of Methods*. CABI Publishing, CAB International.

金子信博・鶴崎展巨・布村昇・長谷川元洋・渡辺弘之（2007）土壌動物学への招待—採集からデータ解析まで—. pp. 261，東海大学出版会，東京

北沢右三 編著（1977）土壌動物生態研究法（生態学研究法講座 26），pp. 264，共立出版，東京

篠原圭三郎（1974）多足類の採集と観察—方法と実例．pp. 109，ニュー・サイエンス社，東京

・図鑑・生態など

青木淳一 編著（1999）日本産土壌動物：分類のための図解検索．pp. 1076，東海大学出版会，東京

青木淳一 編著（2015）日本産土壌動物 第二版：分類のための図解検索．pp. 2022，東海大学出版部，秦野

アリ類データベース作成グループ 2008（2008）日本産アリ類画像データベース http://ant.miyakyo-u.ac.jp/J/index.html

奥山風太郎・みのじ（2013）ダンゴムシの本　まるまる一冊だんごむしガイド—探し方，飼い方，生態—．pp. 144，DU BOOKS，東京

石塚小太郎（2014）ミミズ図鑑．pp. 167，全国農村教育協会，東京

石橋信義 編著（2003）線虫の生物学．pp. 290，東京大学出版会，東京

田辺力（2001）多足類読本—ムカデやヤスデの生物学．pp. 178，東海大学出版会，東京

寺山守・江口克之・久保田敏 編著（2014）日本産アリ類図鑑．pp. 278，朝倉書店，東京

寺山守（2018）アリハンドブック 増補改訂版．pp. 88，文一総合出版，東京

水久保孝之・二井一禎 編著（2015）線虫学実験．pp. 324，京都大学学術出版会，京都

皆越ようせい 文・写真／渡辺弘之 監修（2005）土の中の小さな生き物ハンドブック．pp. 89，文一総合出版，東京

皆越ようせい 文・写真／渡辺弘之 監修（2016）落ち葉の下の小さな生き物ハンドブック．文一総合出版，東京

南谷幸雄　日本産ミミズ大図鑑　https://japanese-mimizu.jimdo.com

吉村剛 他（2014）シロアリの事典．pp. 472，海青社，大津

渡辺弘之（1990）土壌動物の生態と観察（生態と観察シリーズ）．pp. 146，築地書館，東京

渡辺弘之（2003）ミミズ—嫌われもののはたらきもの．pp. 143，東海大学出版会，東京

引用文献

Adl, M. S., Gupta, V. S. (2006) Protists in soil ecology and forest nutrient cycling. *Canadian Journal of Forest Research*, **36**: 1805–1817

Agusti, N., Shayler, S. P., Harwood, J. D., *et al.* (2003) Collembola as alternative prey sustaining spiders in arable ecosystems: prey detection within predators using molecular markers. *Molecular Ecology*, **12**: 3467–3475

Anderson, O. R., McGuire, K. (2013) C-biomass of bacteria, fungi, and protozoan communities in arctic tundra soil, including some trophic relationships. *Acta Protozoologica*, **52**: 217–227

Behan-Pelletier, P. V., Hill, S. B. (1983) Feeding habits of sixteen species of oribatei (Acari) from an acid peat bog, Gelnamoy, Ireland. *Revue d'écologie et de biologie du sol*, **20**: 221-267

Bonkowski, M (2004) Protozoa and plant growth: the microbial loop in soil revisited. *New Phytologist*, **162**: 617-631

Chakraborty, S., Theodorou, C., Bowen, G. D. (1985) The reduction of root colonization by mycorrhizal fungi by mycophagous amoebae. *Canadian Journal of Microbiology*, **31**: 295-297

De Deyn, G. B., Van der Putten, W. H., Deyn, G. B. D., Van der Putten, W. H. (2005) Linking aboveground and belowground diversity. *Trends in Ecology and Evolution*, **20**: 625-633

Decaëns, T. (2010) Macroecological patterns in soil communities. *Global Ecology and Biogeography*, **19**: 287-302

Fierer, N., Jackson, R. B. (2006) The diversity and biogeography of soil bacterial communities. *PNAS*, **103**: 626-631

Fierer, N., Strickland, M. S., Liptzin, D., *et al.* (2009) Global patterns in belowground communities. *Ecology Letters*, **12**: 1238-49

Frouz, J. (1999) Use of soil dwelling Diptera (Insecta, Diptera) as bioindicators: a review of ecological requirements and response to disturbance. *Agriculture, Ecosystems & Environment*, **74**: 167-186

Hopkin, S. P. (1997) Biology of the Springtails. Insecta: Collembola. Oxford University Press, Oxford

Hopkin, S. P., Read, H. J. (1992) *The Biology of Millipedes*. Oxford University Press, Oxford

Jones, M. B., Donnelly, A. (2004) Carbon sequestration in temperate grassland ecosystems and the influence of management, climate and elevated CO2. *New Phytologist*, **164**: 423-439

金子信博・伊藤雅道（2004）土壌動物の生物多様性と生態系機能．日本生態学会誌，**54**: 201-207

金子信博（2007）土壌生態学入門―土壌動物の多様性と機能―．pp. 199，東海大学出版会，東京

Lavelle, P., Bignell, D., Lepage, M., *et al.* (1998) Soil function in a changing world: the role of invertebrate ecosystem engineers. *European Journal of Soil Biology*, **33**: 159-193

Moore, J. C., de Ruiter, P. C. (2012) Energetic Food Webs . *An analysis of real and model ecosystems*. Oxford Unviersity Press, New York

Moore, J. C., Hunt, H. W. (1988) Resource compartmentation and the stability of real ecosystems. *Nature*, **333**: 261-263

Neher, D. A. (2010) Ecology of plant and free-living nematodes in natural and agricultural soil. *Annual Review of Phytopathology.*, **48**: 371-394

Peschel, K., Norton, R. A., Scheu, S., Maraun, M. (2006) Do oribatid mites live in enemy-free space? Evidence from feeding experiments with the predatory mite Pergamasus septentrionalis. *Soil Biology and Biochemistry*, **38**: 2985-2989

Petersen, H., Luxton, M. (1982) A comparative analysis of soil fauna populations and role in decomposition process. *OIKOS*, **39**: 287-388

Phillips, H. R. P., *et al.* (2019) Global distribution of earthworm diversity. *Science*, **366**: 480-485

Rusek, J. (1998) Biodiversity of Collembola and their functional role in the ecosystem. *Biodiversity and Conservation*, **7**: 1207-1219

Swift, M. J., Heal, O. W., Anderson, J. M. (1979) *Decomposition in Terrestrial Ecosystems*. Blackwell, Oxford University Press

竹松葉子（2012）シロアリの種多様性調査と環境．吉村剛，板倉修司，岩田隆太郎 他編シロアリの事典．pp. 11-23，海青社，大津

Wallwork, J. A. (1970) *Ecology of Soil Animals*. McGraw-Hill, London

第2章　土壌環境の評価法

2.1　はじめに

土壌は，主に岩石が風化してできた鉱物と，植物などが枯死してできた有機物からできている。水や大気は混合され均一となりやすい一方，土壌は有機物と鉱物が混合した複雑な構造が安定して存在し，不均一な状態が維持されている。大きさの異なる粒子同士が結合して形成される大小の隙間，土壌有機物の空間的な配置は，土壌生物の住みやすさに影響を及ぼしている。また，外部からその様子を直接観察できないため，動物の行動観察，試料のサンプリングや操作実験に大きな困難がつきまとうことになる。

土壌生物の生息環境を評価するためには，調査地の地理条件や環境条件のほかに土壌そのものの情報が必要となる（表 2.1）。たとえば，ドイツの 52 箇所の草原と森林で行われた土壌動物相と土壌環境の関係の解析では，地域的な違いよりも土壌環境が土壌動物の個体数密度や多様性を強く規定していることが明らかにされている（Birkhofer *et al.*, 2012）。したがって，土壌動物の生息環

表 2.1　土壌生物の野外調査時に必要な環境パラメータ

地理情報	緯度経度	標高	方位	傾斜
気象	温度	降水量	土壌水分	
土壌	土壌型	理化学性	有機物の堆積様式・量	
植物	種構成，群集構造 リターフォール量	植被 地上部・地下部現存量	一次生産量	
動物	種構成	個体数密度		

境として土壌のどんな条件が重要かを評価することが必要である。しかし，多くの生態学者は，土壌学や地質学，地形学のトレーニングを受けておらず，調査地の土壌に関する自然情報を自分で得ることが難しい。本章では，簡単な土壌調査法と，既存データの利用法について述べる。

2.2 調査地の土壌の情報

自分で調査をする前に，調査地周辺にはどのような既存資料があるかについて確認する。土壌をタイプごとに分類し，その分布を地図にしたものを土壌図と呼ぶ。土壌図は，農林業や土地利用を目的として世界中の国々でそれぞれの国の事情にもとづく土壌分類体系によって作成されてきた。そのため，国ごとに地図の内容や精度が異なっていた。現在，国をまたいで参照できるように世界的な標準化が進行している。国際的な土壌の分類体系は，世界食糧機構（FAO）が使用している世界土壌照合基準（WRB: World reference base for soil resources）[1)]と，アメリカ農務省の土壌分類（Soil Taxonomy）[2)]が広く使用されている。日本の土壌図は，農地と森林が別の分類基準で整備され，これらとは別に国交省が国土調査として土壌図を公開してきたが，最近，農地と森林を統合する包括的土壌分類第1次試案に基づく20万分の1土壌図が整備され（小原 他，2016），インターネットで利用できるようになってきた。この地図はWRBやUSDA Soil Taxonomyへの対応がわかるような分類が採用されている。さらに，日本ペドロジー学会から「日本土壌分類体系」が発表され，農地と森林土壌の包括的な分類の解説がなされている（日本ペドロジー学会第五次土壌分類・命名委員会，2017）。調査地のおおまかな土壌の状態を知るには，これらの土壌図を参照し，土壌型を確認する。

農研機構農業環境変動研究センターの日本土壌インベントリーには，包括的土壌分類第1次試案に基づく農地の土壌図（たとえば図2.1；20万分の1）のほかに深さ30〜50 cmの土壌温度の平年値（解像度1 km），農耕地を対象とした

1) http://www.fao.org/docrep/w8594e/w8594e00.HTM 2019年12月26日確認。
2) http://www.nrcs.usda.gov/wps/portal/nrcs/detail/soils/survey/class/taxonomy/?cid=nrcs142p2_053580 2019年11月26日確認。

図 2.1　土壌地図情報の例。福島大学付近の土壌情報（農研機構農業環境変動研究センター）

「農耕地土壌の分類―土壌統の設定基準および土壌統一覧表―，第2次案改訂版」（旧土壌分類）に基づく縮尺5万分の1相当の土壌図，および包括1次試案による土壌の大群，および群ごとの解説がまとめられており，現地調査によって撮影された土壌断面（表層から深層までの土壌の色や構造，根の分布がわかるように土壌を垂直に1m程度掘ったもの）の写真も入手できる[3)]。

一方，森林総合研究所のHPにある「森林土壌博物館」には，森林土壌の野外調査法，日本森林土壌図などが掲載されている。また国土交通省の国土調査には，表層地質図，地形図，土壌図が収納されている[4)]。

2.3　野外で測定できる土壌の環境

土壌動物の調査の際に野外で簡便に土壌の情報を得るには，地理情報（GPS）

3)　http://soil-inventory.dc.affrc.go.jp　2019年12月26日確認。
4)　http://nrb-www.mlit.go.jp/kokjo/inspect/inspect.html　2019年12月26日確認。

図 2.2　ポータブル温湿度計

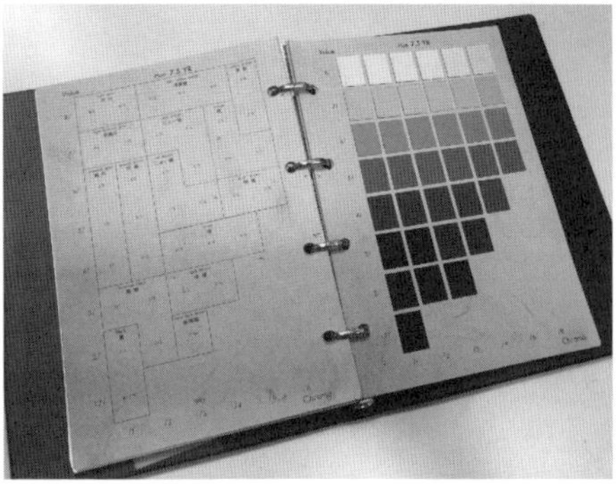

図 2.3　標準土色帖　→口絵 1

と地形図に基づく調査地の確認に加え，野外に持ち出して測定が可能な機器による土壌温度，湿度や pH，EC（electric conductivity）の測定（図 2.2）や，標準土色帖（図 2.3）を用いた土壌の色の記録などが可能である。

土壌硬度は山中式硬度計（図 2.4）や，貫入硬度計（図 2.5）を用いて評価できる。貫入硬度計を用いると一定の深さまでの硬度の分布を記録することができ，周囲の環境を撹乱せずに土壌の状態を把握できる。

森林土壌は複雑な層構造をもち（図 2.6），斜面上の位置によって A 層の厚さが異なる。貫入硬度を丁寧に測定することで，地形と土壌層厚の関係がわかり，樹高と斜面位置の関係のような植生の成長に関するパラメータが得られる。また，掘り取り調査の際に山中式硬度計を土壌断面に対して垂直に装置を

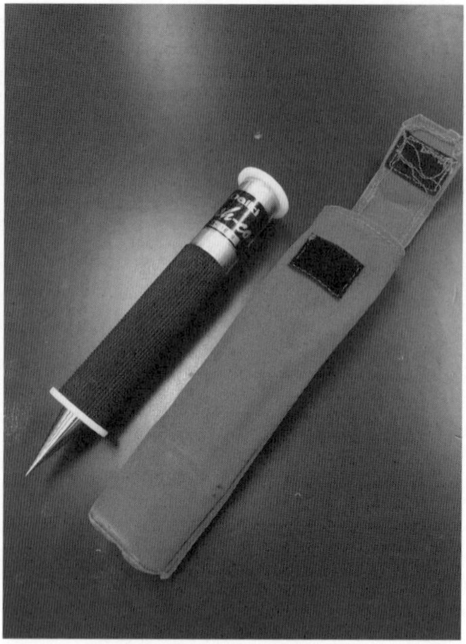

図 2.4　山中式土壌硬度計

挿入することにより硬度を測定できる。土壌の不均一性を考慮して，一定の深度で 5〜10 点を測定し，記録する。一定の深さ（たとえば深さ 10 cm）ごとに測定するか，土壌層位（A, B 層）ごとに測定する。

農地土壌は耕耘によってほぐされ，柔らかくなるが，栽培を続けるとやがて孔隙が少なくなり，硬くなる。また，表層が柔らかくても，深くなると硬くなる土壌もある。硬度に影響する要因は，孔隙率や団粒構造，根の分布などであり，農地の管理によって同じ土壌でも変化する。特に，農業機械を用いて耕耘などを行う農地では，大型機械の通過が繰り返されることによって深さ 20〜30 cm の層が硬くなり（耕盤層），作物の根の成長が阻害される。不耕起試験地での例をみると，30 cm まで耕耘される耕起処理区では，30 cm より深い位置に耕盤層が形成されているのに対し，不耕起処理区では，深い層まで柔らかいことがわかる（図 2.7）。

森林や草原での調査では，植物の情報も記録する必要がある。植生の情報に関しては植生調査を扱っているほかの書籍（生態学フィールド調査法シリーズ

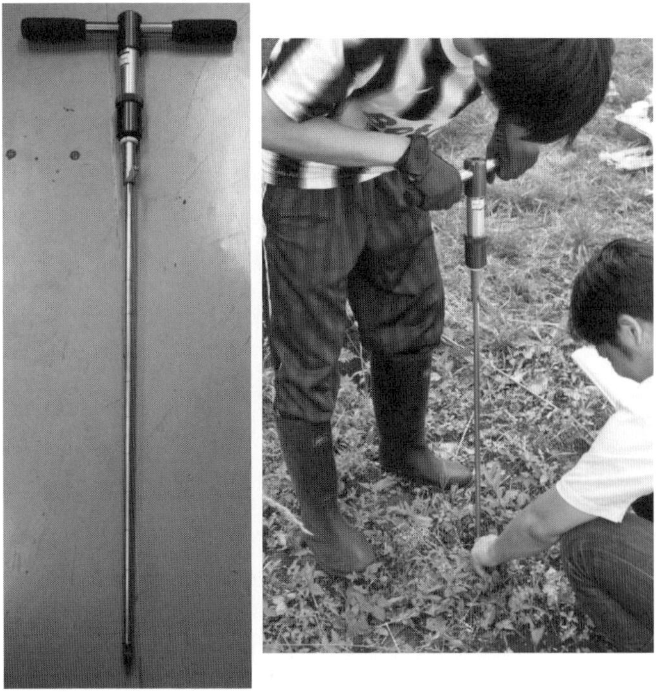

図 2.5　貫入硬度計による土壌硬度の測定

3『植物群集の構造と多様性の解析』など）を参照してほしいが，土壌生物の生態を理解するために必要な項目としては，植物の種構成や群集構造，群落の高さや階層構造の発達程度，土地利用の変遷などが利用できる。特に森林では伐採の履歴や，植栽年度，植栽密度，植栽樹種の品種などの情報が有用である。また，牧草地のような人工草地では改植の年度，播種《はしゅ》の有無や植物の種類，面積あたりの播種量，施肥の量や内容などについて情報を集める。そして，農地では管理履歴（栽培した作物の種類，耕耘の頻度，施肥，化学農薬の使用）の記録が必要である。農地の場合は，数ヵ月で栽培作目が変わり，輪作をすることが多いので，数年分の作付け履歴がわかるほうがよい。

地表面の状態は，土壌生物の生息環境に大きく影響している。森林や草原の場合は落葉や倒木といったリターが地表面に堆積している。第1章で説明したように，リターは土壌生物の餌資源であると同時に，棲み場所ともなっており，

図 2.6　森林土壌の断面図　→口絵 2

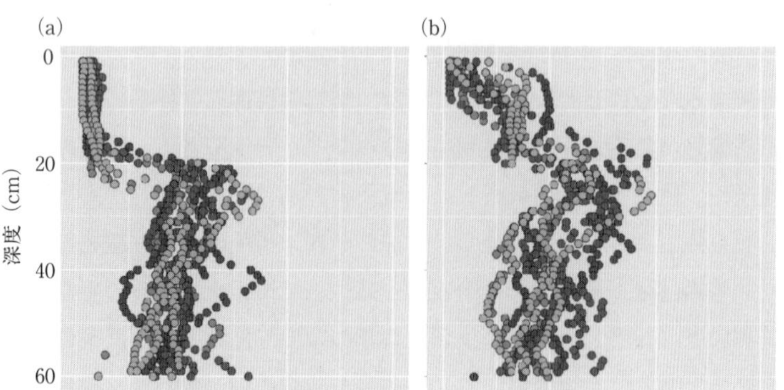

図 2.7　土壌硬度の測定例　(a)耕起処理区，(b)不耕起処理区

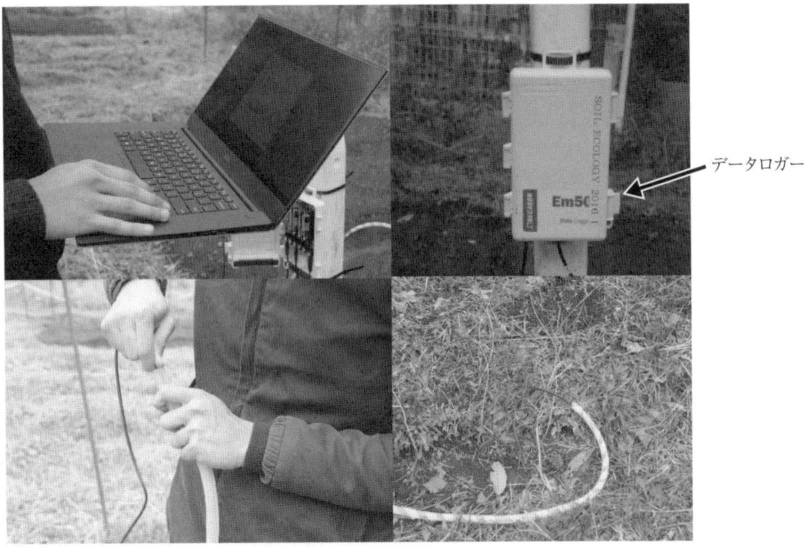

図 2.8　横浜国立大学内試験地における気温，土壌温度，土壌水分の測定

森林では地形や水分条件，樹種によって堆積様式や厚さが異なっている。一般に尾根部では分解速度が谷部より遅く，堆積量が多く，落葉直後のものから長い時間，その場で分解作用が進行した有機物まで層状に堆積している。谷部では，土壌生物による分解が早く，土壌動物の摂食による物理的改変も強いので，リターの堆積量は少ない。一方，農地では，土壌を覆うものがほとんどない。しかし，農地であっても草生栽培を行う場合，あるいはマルチングのために資材を使用する場合にどの程度リターがあるかは重要な情報である。リターの堆積量は一定面積に堆積するリターを集め，実験室に持ち帰り，乾燥重量を求める。森林の場合は，落葉層，腐葉層，腐植層に分化しているかを確認して堆積様式も記録する。

調査地の長期の環境状態を記録するには，さまざまなセンサーのデータをデータロガーに記録する（図 2.8 右上）。データロガーにはメモリー数と入力チャンネル数がさまざまのものがあるが，データの取り込み間隔との関係で，データ回収の周期が変わる。測定項目は，気温，降水量といった地上部の環境と土壌温度，土壌水分といった地下部の環境がある。土壌水分は水分張力を測定

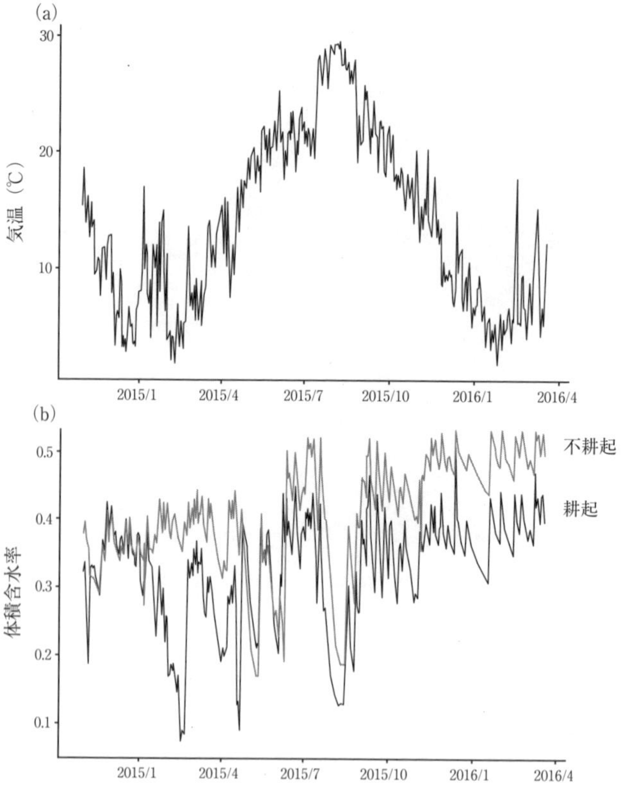

図 2.9　横浜国立大学内試験地における（a）気温，（b）土壌水分の測定例

する場合と，体積含水率を測定する場合があり，体積含水率は土壌ごとにセンサー出力と実際の含水率を測定して補正する必要がある（図 2.9b)。

土壌から放出されたり，土壌に吸収されたりするガス（CO_2, N_2O, CH_4 など）は，土壌からのフラックスを一時的に閉鎖して測定するクローズドチャンバーや，ガスを連続的に分析するオープンフラックス法で測定する（図 2.10；生態学フィールド調査法シリーズ 1『森林集水域の物質循環調査法』参照)。

図 2.10　水田のガスフラックス測定の様子

2.4　土壌の理化学的要因を測定するための試料の採取

土壌の理化学的要因を測定するための土壌試料は，ほかの土壌と比較が可能なように土壌の構造を壊さないように一定の容積を採取する。森林土壌では高さ 4 cm で表面積が 100 cm^2 の円筒（採土円筒，容積 400 mL）を，農地では高さ 5 cm で表面積が 20 cm^2 の円筒（容積 100 mL）を用いて土壌の表層から採取し，実験室に持ち帰る（図 2.11 左）。より深い層の試料を採取するには，土壌断面を掘ってから採取する。また，土壌オーガー（検土杖）を用いて地面から一定の深さを採取する場合もある（図 2.11 右）。ただし，オーガーを差し込むときにどうしても土壌を圧縮するので，土壌構造の評価には向かない。また，オーガーを使う際には，つねに一定の深さまで正確に採取できるよう，注意する必要がある。

すでに述べたように土壌動物の餌資源として，土壌表層の有機物層や堆積物は重要である。土壌円筒のサイズでは大きな落葉や枝が評価できないので，25～100 cm 四方の方形の面積から落葉などを採取し，乾燥後，重量を測定する。また，採取の際に方形の角で落葉層や，有機物層の厚さを記録する。

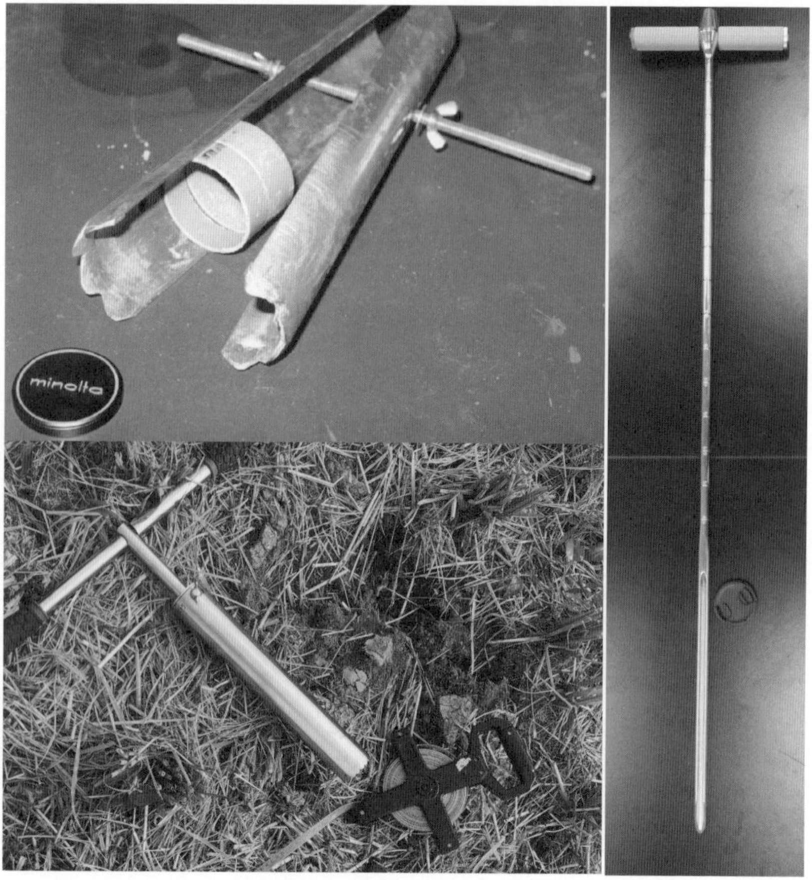

図 2.11　採土円筒（左），検土杖（右）

2.5　実験室で調べる土壌の情報

分解者群集や，植物の挙動を理解するために必要な土壌の情報は，野外からサンプルを持ち帰り，実験室での分析や専門の分析業者に依頼することで得ることができる。

2.5.1　土壌の物理的要因

土壌は，固相の部分を生物が移動できないため，土壌粒子の間の孔隙の大き

表 2.2　土壌分析項目

	項目	方法
土壌物理性		
	組成（細土（2 mm 未満），礫，根の割合）	乾燥後，秤量する
	粒度組成（砂，シルト，粘土）	粒度計，沈降法など
	仮比重	乾燥後，秤量する
	含水率	乾燥の前後で，秤量する
	孔隙率	仮比重等から計算で求める
	実容積	実容積計で測定する
土壌化学性		
	pH	pH メーターで測定する
	電気伝導度（EC）	EC メーターで測定する
	全炭素，窒素	全炭素・窒素計で求める
	強熱減量	900～1000℃で燃焼させ，重量減少を秤量
	元素濃度	酸分解した試料を用いて機器分析

さや分布が生物の暮らしに大きく影響している。土壌の物理的要因として，孔隙率（pore ratio）や仮比重（bulk density），含水率（water contents）は，直接，生物にとっての土壌環境を表現している。

土壌試料を用いて測定できる項目を，表 2.2 にまとめた。土壌含水率は湿重を測定後，通風乾燥機を用いて 40～60℃ で乾燥させ，乾燥重量を測定する。土壌構造を測定する場合はなるべく円筒のまま乾燥させる。僻地や海外での調査などで乾燥機がない場合は，室内で紙やアルミホイルの上で土壌をうすく広げて自然乾燥させる。

構造を壊さないで円筒ごと乾燥させた土壌を使って，実容積が測定できる。実容積計（図 2.12）は，円筒に圧力をかけたときに円筒に含まれる気体が圧縮されて容積が減少する割合を測定するものである。容器の容積から実容積を引いたものが，土壌空隙の量である。また，実容積計がない場合，空隙率は，円筒中の固体の容積が推定できれば同様に測定可能である。鉱物の比重は石英で 2.65 であり，枯死有機物や根は 0.1 とみなすと，円筒中の土壌の重さ，粗大な落葉や落枝，根の重さを求めることで，次の式で計算できる。

$$\text{空隙率}=(\text{容積}(\mathrm{cm}^3)-\text{細土}(\mathrm{g})/2.65-\text{礫}(\mathrm{g})/2.65-\text{有機物}(\mathrm{g})/0.1)/\text{容積}(\mathrm{cm}^3) \tag{2.1}$$

土壌にはさまざまな大きさの団粒があり，団粒の形成には複数の生物的な要

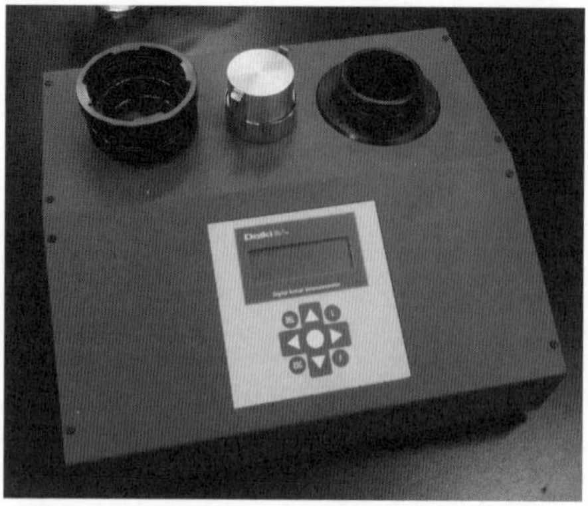

図 2.12　土壌実容積計

因が働いている（Six *et al.*, 2002）。耐水性団粒（water stable aggregate）は，水中でも簡単に崩壊しない団粒で，野外で乾燥や湿潤を繰り返しても数ヵ月から数年は団粒として土壌中に存在すると考えられている。野外から円筒を使って土壌構造を壊さないように採取してきた土壌を風乾して重量を測定したのち，粗大な礫や落葉，根を取り除く。測定前日に霧吹きを使って土壌全体に水分を与える。これは乾燥した団粒を水に直接漬けると，団粒中の空気が逃げ場所を失って団粒を壊す恐れがあるため，徐々に湿らせるためである。篩の上に土をのせ，篩を測定日に水を貯めた容器に漬け，水中で移動距離 3 cm の上下動を 10 分間に 50 回の速度で行う。篩の目より細かい粒子は落下していく。篩に残った粒子を回収し，再び乾燥させて秤量する。篩の網目のサイズは，2 mm，1 mm，0.25 mm，そして 54 μm がよく使われる（図 2.13）。2 mm 以上を粗大団粒（macroaggregate）と呼ぶ。

不耕起草生栽培の継続年数による団粒組成の違いを調べた例を図 2.14 に示す。この例では，2 mm 以上の粗大団粒が不耕起草生栽培の継続により増加し，0.2〜2 mm の団粒が減少していることがわかった（Arai *et al.*, 2018）。

団粒を壊したあとの土壌粒子の粒度分布は，土壌の理化学性を左右する指標とされる。砂，シルト，粘土の比によって砂土（sandy soil），壌土（loamy soil），殖土（clay soil）などに分類される。砂土は，排水性が良く，保水性が悪く，陽イオン交換容量が小さい。一方，殖土は排水性が悪く，保水性に富み，陽イオ

図 2.13　団粒測定に用いる篩
網目の大きい順に上から 2 mm, 1 mm, 0.25 mm, 54 μm として一番下には受け皿を配置し，固定する。

ン交換容量が大きい。壌土は，その中間に位置する。粒度分布は沈降法で測定されてきたが，近年少量のサンプル土壌を水中で撹拌し，レーザー光をあててサイズを測定する粒度計が用いられるようになった（図 2.15)。サンプルが少量であるので，土壌の代表性を損なわないよう，サンプルをよく混合して選択する。

土壌の物理的特性は，水分環境を通して土壌中の生物に異なる影響を与えている。土壌生物は土壌中の隙間をさまざまな形で利用しているので，土壌中の孔隙の大きさ分布がわかると，土壌構造と生物の関係が明瞭になる。バクテリアは土壌孔隙を利用できないが，放線菌（真菌のように糸状に伸びるバクテリア）は糸状の体をしているので単細胞のバクテリアより広い孔隙で利用することができる．たとえば，土壌粒子サイズを変えてポットに詰め，バクテリアと放線菌の活動を比べてみる。Wolf *et al.* (2013) は，土壌の粒度と水分張力をそれぞれ 3 段階に変え，バクテリアと放線菌の生育を調べた（図 2.16)。粒度が細かい土壌では湿潤になるほど，放線菌に比べバクテリアの生育が良くなったが，粒度が荒くなると，水分条件の違いが少なくなり，相対的に放線菌の生育

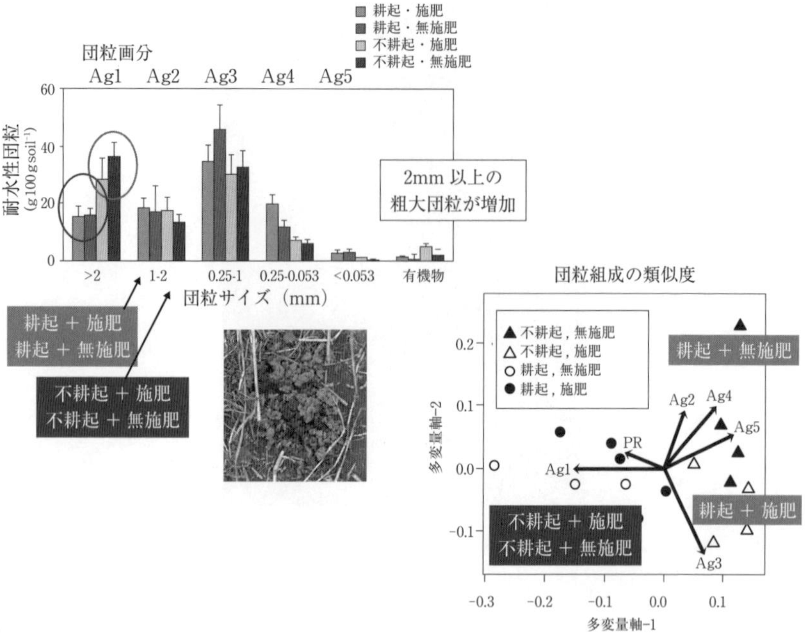

図 2.14　農法と土壌団粒組成の関係（Arai *et al*., 2018）

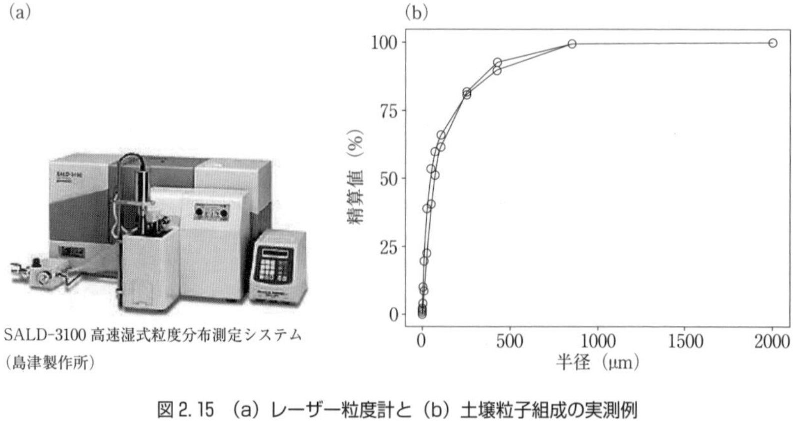

図 2.15　(a) レーザー粒度計と (b) 土壌粒子組成の実測例

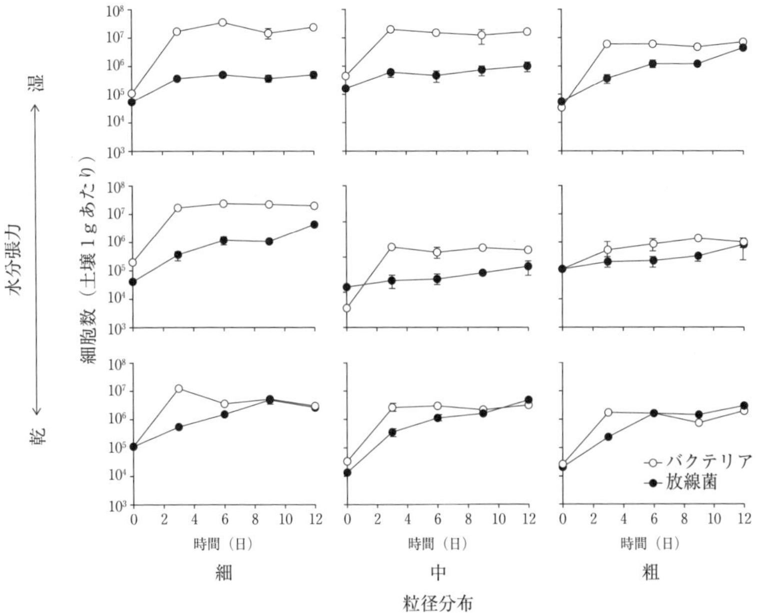

図 2.16　土壌の粒径と水分条件がバクテリアと放線菌の生長に与える影響（Wolf *et al.*, 2013）

が良くなった。単細胞で分裂するバクテリアに比べると放線菌は糸状に伸長するので，孔隙が多い粒度の荒い土では放線菌が相対的に有利になると考えられる。

2.5.2　土壌の化学的特性

土壌の化学的特性とは，pH や EC，炭素や窒素，そのほかの元素類の濃度などで表現される。採取した土壌を用いて，pH と EC はただちに調査地や実験室で測定できる（図 2.17）。ガラス電極で pH，EC とも測定できるセンサーを接続したハンディタイプや据え置きタイプの測定装置がある。いずれも，pH の場合は標準液を用意し，校正を行ってから試料を測定する。EC の場合は通常校正は不要である。電極の大きさによって試料の量が決まり，pH は通常 1～10 g 程度の土壌を用いて，純水や KCl，NaCl 溶液を用いて測定する。このとき，土壌と溶液は 1：2.5 や 1：5（重量比）で混合する。このため，土壌生物の生息場所の実際の環境よりも大きな範囲の土壌を混合し，その値を平均的に測定していることに注意する必要がある。調査地や宿泊先で測定するときには，純水やpH校正用の標準液を用意する必要がある。

土壌には落葉，落枝，そして根を起源とする枯死した有機物（デトリタス）があり，微生物や土壌動物の餌資源となっている。有機物量は全炭素量を測定することで表現されることが多い。標準的な有機物の炭素含有率は45%程度であるから，炭素量のおよそ2倍が有機物量である。また全窒素は，全炭素とともに燃焼法で自動分析できる。全炭素・全窒素分析計（図2.18）はさまざまな機種があるが，乾燥試料を燃焼させ，出てきたガスをガスクロマトグラフや電気伝導度で測定している。

塩基類やリン酸は，乾燥土壌試料から抽出液を用いて抽出し（可給態），あるいは酸分解したのち全量を，原子吸光装置やICP装置といった専用の装置を用いて分析する。

アンモニア態窒素（NH_4-N）や硝酸態窒素（NO_3-N）は，植物の生長を律速する窒素の主要な形態であり，土壌動物の活動とあわせて測定されることが多い。これらのイオンは，発色させて吸光度計を用いて測定する（比色法）。発色反応を自動化し，複数の試料を連続して測定できる流れ分析装置がよく使用される（図2.19）。

図2.17　土壌pHとECの測定

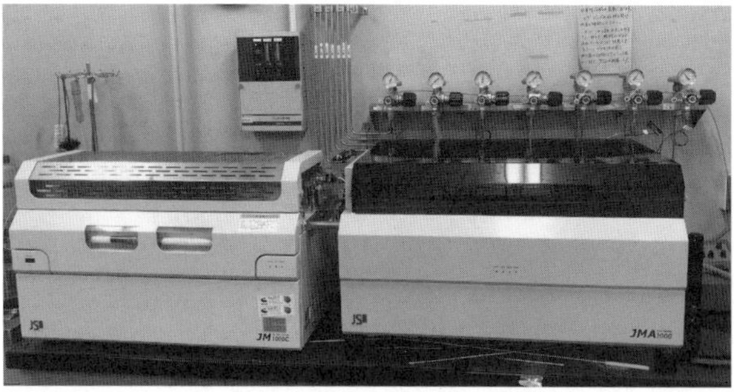

図 2.18　全炭素・全窒素分析計

図 2.19　溶存イオンを測定できる流れ分析装置

これらの土壌の化学的特性の測定は専用の装置が必要であり，大学や研究機関で土壌学分野の設備があるところで測定できる。そのような装置がない場合は，専門の分析業者に依頼する。土壌分析には農地における施肥量を決定するための簡易的な測定法がいくつかあるが，測定精度はあまりよくなく，生態学的な研究には向いていない。安価な装置で比較的精度の高いものとして，野外で水質の測定に使われる反射式光度計（RQ-Flex）で土壌抽出水の溶存成分を測定できる（図 2.20）。

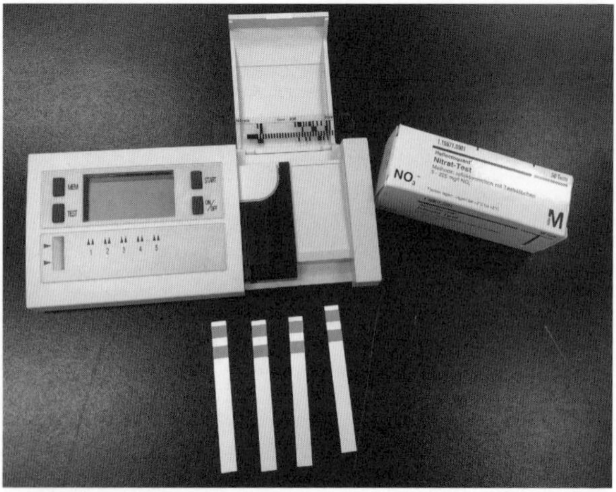

図 2.20　RQ-Flex による土壌硝酸態窒素の測定
試験紙の発色で栄養塩の濃度を測る反射式光度計（写真は RQ-Flex-10）。本来，水質測定用だが，土壌から抽出した溶液を測定することで，実験室でなくても一定の精度の測定が可能。

土壌の分析法などの参考書

土壌調査や分析法に関しては，方法書が多数出版されているので，以下を参照する。

土壌環境分析法編集委員会 編（1997）土壌環境分析法．博友社，東京
柴田英昭（2015）森林集水域の物質循環調査法（生態学フィールド調査法 1）．共立出版，東京
森林立地研究法編集委員会 編（1999）森林立地研究法．博友社，東京
Van Reeuwijk, LP. (2002) Procedures for soil analysis. 6th Edition. Technical Papers 9. Wageningen, Netherlands, ISRIC - World Soil Information.

土壌図

USDA Soil Taxonomy の Keys to Soil Taxonomy
http://www.nrcs.usda.gov/wps/portal/nrcs/detail/soils/survey/class/taxonomy/?cid=nrcs142p2_053580
World reference base for soil resources（世界土壌照合基準）
http://www.fao.org/docrep/w8594e/w8594e00.HTM
世界土壌照合基準 2015 年改訂版
IUSS Working Group WRB. 2015. World Reference Base for Soil Resources 2014, update 2015 International soil classification system for naming soils and creating legends for soil maps. World Soil Resources Reports No. 106. FAO, Rome.

引用文献

Arai, M., Miura, T., Tsuzura, H., *et al.* (2018) Two-year responses of earthworm abundance, soil aggregates, and soil carbon to no-tillage and fertilization. *Geoderma*, **332**: 135–141

Birkhofer, K., Schöning, I., Alt, F., *et al.* (2012) General relationships between abiotic soil properties and soil biota across spatial scales and different land-use types. *PLoS One*, **7**: 0043292

日本ペドロジー学会第五次土壌分類・命名委員会（2017）日本土壌分類体系．日本ペドロジー学会

小原洋・高田裕介・若林正吉 他（2016）包括的土壌分類第1次試案に基づいた1/20万日本土壌図．農環研報告，**37**: 133–148

Six, J., Conant, R. T., Paul, E. A., Paustian, K. (2002) Stabilization mechanisms of soil organic matter: Implications for C-saturation of soils. *Plant and Soil*, **241**: 155–176

Wolf, A. B., Vos, M., De Boer, W., Kowalchuk, G. A. (2013) Impact of matric potential and pore size distribution on growth dynamics of filamentous and non-filamentous soil bacteria. *PLoS One*, **8**: 0083661

第3章　土壌微生物の調査法

3.1　はじめに

土壌微生物の野外調査法をすべて網羅することは本書の範囲を超えるが，土壌動物の餌資源としての微生物バイオマス量や，分解系における土壌動物と土壌微生物の相互作用を評価することは，土壌動物調査にとって重要である。そこで，これらの目的にあった調査法を紹介する。

3.2　土壌微生物のサンプリング

微生物は体のサイズが小さいので，種レベルでの分布を調べるにはきわめて微細なレベルでのサンプリングが必要となる。それに対して土壌動物や植物は微生物よりはるかに体サイズが大きく，より大きなスケールで生態学的事象が起こっている。土壌動物や植物の挙動と関連づけるために，ある程度の容量の試料を採取することが望まれる。土壌の物理化学的性質もパラメータとして使うことを考えると，2.4節で述べた土壌学分野で使われてきた100 mLや400 mLの採土円筒で取られた土をホモジナイズしてから微生物用のサンプルとすることが現実的である。

土壌内の根や団粒の存在は微生物群集にさまざまな影響を与えているので，根や団粒をどのように処理したかについて，再現性があるように記録する必要がある。

3.3　生化学的な土壌微生物群集の評価法

微生物の体を構成する炭素の定量や，微生物体の構成成分が大きな分類群ご

表 3.1　生化学的な土壌微生物群集調査法の比較

名称	評価内容	対象	分析方法	培養期間
燻蒸培養法（FI）	微生物バイオマス	微生物全体	試料を滅菌後，微生物を接種して培養	1～2 週間
燻蒸抽出法（FE）	微生物バイオマス	微生物全体	試料を滅菌後，溶存炭素などを抽出	―
基質誘導呼吸法（SIR）	微生物バイオマス	抗生物質を使ってバクテリアと真菌を区別	基質を添加して培養し呼吸量を測定	数時間
CLPP 法（Biolog 法を含む）	生理特性プロファイル群集組成	グラム陰性，微生物全体	基質を添加して培養し利用速度を測定	数時間から数日
エルゴステロール法	微生物バイオマス	真菌	試料を処理後，ガスクロマトグラフで測定	―
PLFA 法	細胞壁リン脂質組成の違い	微生物全体	試料を処理後，ガスクロマトグラフで測定	―
キノンプロファイル法	呼吸鎖キノン組成の違い	バクテリア	試料を処理後，液クロマトグラフで測定	―

とに異なることを利用することによって，微生物バイオマス量を推定する方法が数多く開発されてきた（表 3.1）。

微生物の呼吸活性を利用して，土壌微生物全体の現存量を推定する方法がある。燻蒸《くんじょう》培養法（FI: fumigation incubation）は，試料土壌をクロロホルム燻蒸で滅菌したのち，少量の非滅菌土壌を加えた後に 1～2 週間培養し，二酸化炭素量を測定する方法である（Brooks, 2001）。接種した微生物が滅菌処理により死滅した微生物体の有機物を利用する際に放出される二酸化炭素量が，微生物のバイオマス量と比例すると仮定している。ただ，この方法では，微生物の分類群ごとの評価はできない。また，バクテリアや真菌類以外に，センチュウや原生生物などの土壌動物も含まれることに注意する必要がある。

また，燻蒸抽出法（FE: fumigation extraction）はクロロホルム燻蒸で死亡した微生物体に含まれる炭素を硫酸カリウム溶液を用いて試料から抽出して定量し，微生物バイオマス量の推定を行うもので，窒素やリンを定量することで，微生物体が保持していた窒素やリンの量の推定を行うこともできる（Brooks, 2001）。

基質誘導呼吸法（SIR: substrate induced respiration）は，試料にグルコースのような微生物がすぐに利用できる有機物を加えて一定の温度で培養し，微生物の個体数が増加するまでの呼吸速度を測り，現存量を推定するものである（Nakamoto and Wakahara, 2004）。この方法では有機物添加の際に，バクテリアや真菌を抑制する抗生物質を加えることで，それぞれ真菌による呼吸と，バクテリアによる呼吸を測定し，一つの試料のバクテリアと真菌の現存量を推定することができる。

FI，SIR の2つの方法は，試料からの二酸化炭素放出量を測定する必要がある。チャンネルを切り替えることで，複数の試料からのガスを赤外線ガス測定装置に通して測定される。FE は抽出液中の炭素濃度を，溶存炭素計か滴定装置で測定する。したがって，以上のような設備が必要である。

微生物のもつ特定の化学物質を測定することで，微生物の現存量を推定する方法もある。真菌類はエルゴステロールを特異的にもつので，土壌や落葉試料から抽出したエルゴステロール量は，真菌類の現存量の推定値になる。

バクテリアは呼吸鎖の電子伝達物質としてユビキノンやメナキノンを使うので，これらの定量は土壌中で活動しているバクテリアの現存量の指標となる。この方法ではバクテリアを大まかに嫌気性菌と好気性菌に分けることができる点が利点である。バイオマス量の定量には液体クロマトグラフィーを用いる。

バクテリアと真菌類を土壌から同時に定量するためには，リン脂質脂肪酸（PLFA: phospholipid fatty acid）分析が最もよく使われている（Frostegård and Bååth, 1996）。リン脂質脂肪酸は微生物の細胞壁に含まれており，大まかな分類群によってその組成が異なる。この方法では，試料土壌からリン脂質脂肪酸を抽出してガスクロマトグラフで定量する。脂肪酸量から菌体の炭素量を推定する換算値が提案されているので，微生物と植物，動物を含む食物網構造を考える際に利用できる。

群集レベル生理特性プロファイリング（CLPP：community level physiological profiling）は，土壌にさまざまな試料を添加し，分解できる基質の種類やその速度を評価する方法である。自分で選択した基質を添加して，反応を測定してもよいが，病原菌の迅速な同定のために開発された Biolog プレートが環境試料にも利用されている（Garland and Mills, 1991）。Biolog プレートはマイクロプレートにあらかじめ基質を封入したもので，グラム陰性菌用や，生態学用に開発されたEcoplate[1]がよく利用される（Miki *et al.*, 2018）。マイクロプレートに環境試料を希釈して分注し，培養すると基質を微生物が利用すると着色するように設計されており，吸光光度計で読み取る。この方法は群集全体を見ているのではなく，プレート上で発育できる一部の微生物集団の特性を見ているにすぎないが，比較的簡単に土壌管理の違いを区別することができる。

3.4　分子生物学的な土壌微生物群集の評価法

土壌中の微生物は現在でもそのほとんどが培養できない。したがって，実際に微生物の多様性がどの程度であり，種間相互作用がどのような状態にあるのかについてはほとんどわかっていなかった。しかし，PCRによる遺伝子増幅技術と近年のシーケンシング技術の急速な進歩で，OTUレベルで環境中の微生物の存在がわかるようになり，研究手法が大幅に変化してきている（東樹，2016）。ここでは，土壌動物の生態系での働きを理解するために有用な方法について紹介する（表3.2）。

DGGE（denaturing grandient gel electrophoresis）法は，環境試料をPCR増幅し，ゲル状に展開してそのパターンを見るものである。農業環境技術研究所（現農研機構）eDNAプロジェクトにより日本の農地土壌で開発された標準化された調査手法と得られたデータが公開されている。本法は，プライマーを変えることで，バクテリア，アーキア，真菌，そしてセンチュウ群集に適用され

表3.2　分子生物学的手法による土壌微生物群集調査法の比較

名称	評価内容	対象	分析方法
DGGE法	相対コピー数	バクテリア，アーキア，真菌，センチュウ	PCR増幅してゲル影像
T-RFLP法	相対コピー数	バクテリア，アーキア，真菌	PCR増幅してキャピラリー電気泳動
メタゲノム解析	相対コピー数	原核生物，真核生物	PCR増幅してシーケンシング

1)　Ecoplateの情報は，https://www.biolog.com/products-portfolio-overview/microbial-community-analysis-with-ecoplates/ を参照。2019年12月12日確認。

ている（Hoshino and Morimoto, 2008; Takada Hoshino *et al.*, 2011）。

T-RFLP（terminal-restricted fragment length polymorphism）法は 16S rRNA を定量 PCR で増幅し，キャピラリー電気泳動で定量するもので，制限末端断片長とその個数を OTU と微生物の相対個体数と見なすものである（西澤他, 2010）。同じ断片長に複数の種が存在する可能性は否定できないので，正確には試料に含まれる生物を特定の制限酵素で切断したときの断片長の構成を用いて群集比較をする方法といえる。

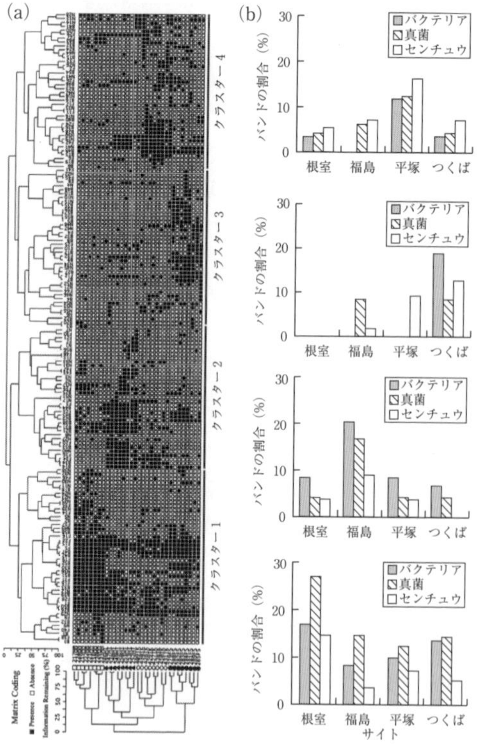

図 3.1　クラスター解析によるバクテリア，真菌，センチュウ 3 つの群集の類似性の比較（Bao *et al.*, 2012）

2 つの DGGE の組み合わせによる群集のクラスター解析。(a) 左は，出現したバンド，下は場所のクラスターを示す。図の黒塗りはバンドが出現したものを示す。(b) 8 サイトのうち 3 サイト以上で出現したバンドの割合をバクテリア，真菌，センチュウで示したもの。根室，福島，平塚，つくばから得られたサンプル。

メタゲノム解析は，高速シーケンサーを用いて環境試料に含まれる全ゲノムを把握しようとするもので，土壌微生物だけでなく，土壌動物も含めて解析に利用されるようになってきた。シーケンシングによって得られるデータは膨大だが，遺伝子配列データがすでにデータベースにあれば，種の同定が可能である。また，種の同定ではなく，機能遺伝子を特定することで，土壌中の微生物による物質代謝の活性を推定することができる。

eDNA プロジェクトの一環として，4 箇所の黒ボク土を対象に，DGGE 法を用いてバクテリア，真菌，センチュウの群集解析が行われた（図 3.1）（Bao *et al.*, 2012）。その結果，3 つの生物群はそれぞれの土壌に対応した 4 つのクラスターに分かれた。また，多くの OTU バンドが場所ごとに共存する傾向にあ

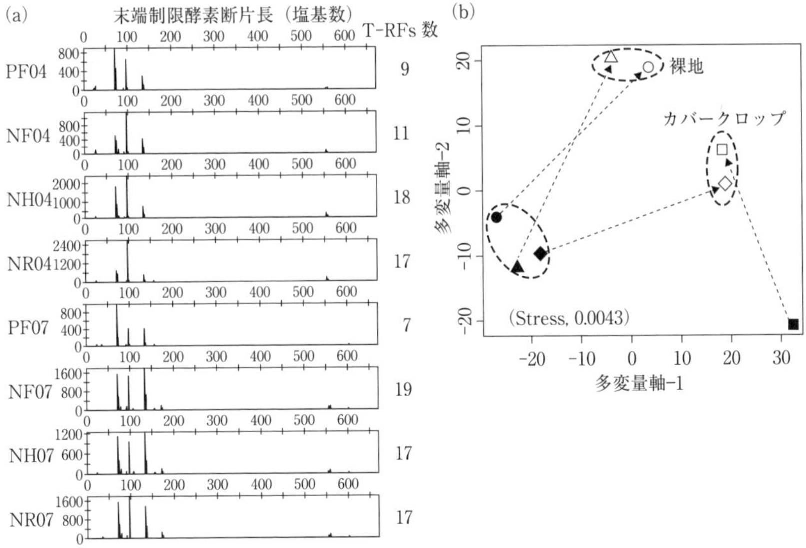

図 3.2　T-RFLP 法による農地のアーキア群集の把握（西澤 他，2010）

土壌アーキアの MbaI 制限酵素による T-RFLP プロファイリング。(a) T＝RFs 数は，検出されたピークの数，RF は耕起／裸地，NF は，不耕起／裸地，NH は不耕起／カバークロップ（ヘアリーベッチ），そして，NR は不耕起／カバークロップ（ライムギ），記号のあとの数字はサンプリング年を示す（04 : 2004 年，07 : 2007 年）。(b) 多次元尺度構成法による群集の非類似度の比較。○，●は耕起／裸地，△，▲は不耕起／裸地，□，■は不耕起／カバークロップ（ヘアリーベッチ），そして，◇，◆は不耕起／カバークロップ（ライムギ）を示す。白抜きは 2004 年，黒塗りは 2007 年のサンプル。

り，土壌ごとにまとまりのある群集パターンを示した。このように，異なる3つの分類群の土壌生物の群集構造が同じ手法で比較できることは，農地の生物多様性と生物がもつ生態系機能を，農地管理の改善に生かすことが可能となってきたことを意味する。

茨城大学農学部附属フィールドサイエンス教育研究センターでは，耕起／不耕起と，カバークロップの有無の継続が土壌や作物収量に与える影響を調べる長期試験が行われている。T-RFLP法を用いて農地における土壌のアーキア，真菌群集に与える影響を調べた（図3.2）（Nishizawa *et al*., 2008, 2010）。その結果，農地の不耕起化よりもカバークロップを生育させることがアーキア，真菌の多様性を増加させることがわかった。

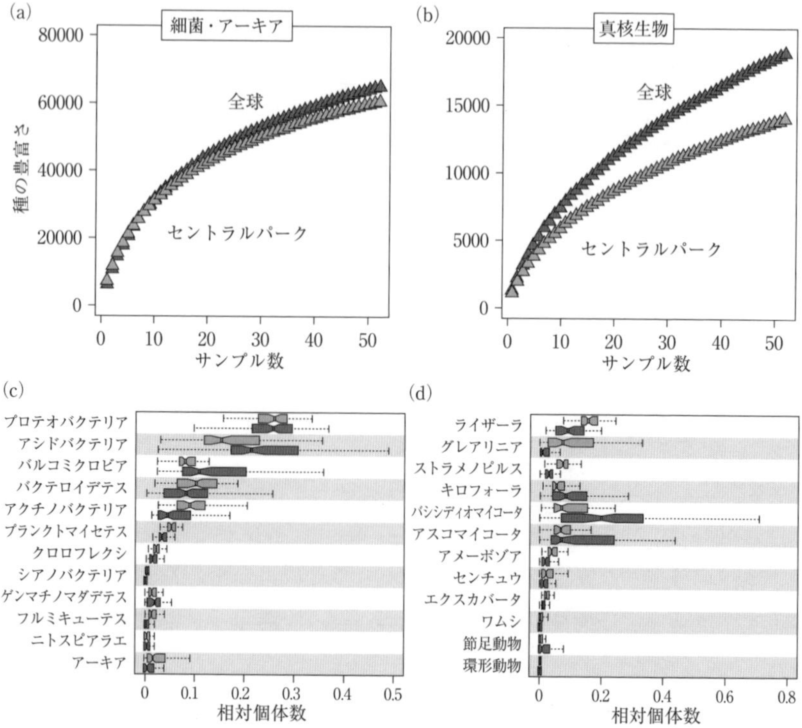

図3.3　セントラルパークで得られた土壌生物と全球データとの多様性の比較（Ramirez *et al*., 2014）

(a)（c）原核生物の出現，(b)（d）真核生物の出現。灰色がセントラルパーク，黒が全球データ。

次世代シーケンサーを使って土壌生物全体を把握した研究例がある。Ramirez *et al.*（2014）は，大都市ニューヨークの中心部にあるセントラルパークで 596 地点の土壌を採取し，原核生物と真核生物のシーケンシングから塩基配列に基づく種同定を行なった（図 3.3）。都市公園といえど，よく保全されている場所の土壌には，未知の生物が多数生息していた。さらに，ツンドラから熱帯林まで，世界の各地で採取された土壌を同様の方法で解析し，セントラルパークの群集と比較した。特に原核生物は世界中のデータセットと比較して多様性に大きな違いがないことがわかった。このように，シーケンシング技術を活用することで，微生物と土壌動物を含む土壌生物全体の多様性と地理的分布の実体がわかるようになってきた。

引用文献

Bao, Z., Ikunaga, Y., Matsushita, Y., *et al.*（2012）Combined analyses of bacterial, fungal and nematode communities in andosolic agricultural soils in Japan. *Microbes and Environments*, **27**: 72–9

Brooks, P.（2001）The soil microbial biomass: concept, measurement and applications in soil ecosystem research. *Microbes and Environments*, **16**: 131–140

Frostegård, A., Bååth, E.（1996）The use of phospholipid fatty acid analysis to estimate bacterial and fungal biomass in soil. *Biology and Fertility of Soils*, **22**: 59–65

Garland, J. L., Mills, A. L.（1991）Classification and characterization of heterotrophic microbial communities on the basis of patterns of community-level sole-carbon-source utilization. *Applied and Environmental Microbiology*, **57**: 2351–2359

Hoshino, Y. T., Morimoto, S.（2008）Comparison of 18S rDNA primers for estimating fungal diversity in agricultural soils using polymerase chain reaction-denaturing gradient gel electrophoresis. *Soil Science and Plant Nutrition*, **54**: 701–710

Miki, T., Yokokawa, T., Ke, P. J., *et al.*（2018）Statistical recipe for quantifying microbial functional diversity from EcoPlate metabolic profiling. *Ecological Research*, **33**: 249–260

Nakamoto, T., Wakahara, S.（2004）Development of Substrate Induced Respiration（SIR）method combined with selective inhibition for estimating fungal and bacterial biomass in humic andosols. *Plant Production Science*, **7**: 70–76

Nishizawa, T., Komatsuzaki, M., Kaneko, N., Ohta, H.（2008）Archaeal diversity of upland rice field soils assessed by the terminal restriction fragment length polymorphism method combined with real time quantitative-pcr and a clone library analysis. *Microbes and Environments*, **23**: 237–243

西澤智康・小松崎将一・金子信博・太田寛行（2010）末端制限断片（T-RFs）プロファイル情報に基づく土壌微生物群集構造解析．土と微生物，**64**: 33–40

Nishizawa, T., Zhaorigetu, Komatsuzaki, M., *et al.*（2010）Molecular characterization of fungal communities in non-tilled, cover-cropped upland rice field soils. *Microbes and Environments*, **25**: 204–210

Ramirez, K. S., Leff, J. W, Barberán, A, *et al.*（2014）Biogeographic patterns in below-ground diversity in New York City's Central Park are similar to those observed globally. *Proceedings Biological Science*, **281**: 1795

Takada, Hoshino, Y., Morimoto, S., Hayatsu, M., *et al.* (2011) Effect of Soil Type and Fertilizer Management on Archaeal Community in Upland Field Soils. *Microbes and Environments*, **26**: 307-316

東樹宏和（2016）DNA 情報で生態系を読み解く―環境 DNA・大規模群集調査・生態ネットワーク―,（生態学フィールド調査法 5），共立出版

第 4 章　大型土壌動物の採集と同定

4.1　はじめに

土壌は不透明な媒体であり，土壌動物は主に土壌の隙間に生息している。そのため，土壌動物の生活を直接観察することや，目視して採集することは困難である。したがって，多くの土壌動物は，野外で土壌を掘り返して見つけた個体を採集する場合と，さまざまな方法で土壌から分離（しばしば「抽出する」といわれる）することで採集されてきた。

土壌動物は一般に体の大きさが小さいが（図 1.3 参照），土壌動物全体を見ても分類群によって体サイズには大きな違いがある。第 1 章で議論したように，体サイズの違いは土壌中での生活様式の違いと関係している。そのため，土壌動物のサンプリングは大きさを基準として，対象とする動物群ごとに異なる方法を用いる。本章では，表 4.1 にあるような生態学的研究に必要な大型土壌動

表 4.1　主要な大型土壌動物の土壌からの主な採集法

動物群	方法	原理
大型節足動物	ハンドソーティング シフティング	肉眼で見つけ，ピンセットなどで採集する シフターで効率化することもある（4.2.1 項）
	ケンプソン，ツルグレン	土壌を乾燥させ，下方へ移動する動物を採集
地表徘徊性動物	ピットフォールトラップ	歩行する動物の自然な落下，あるいは餌による誘引により採集
ミミズ	ハンドソーティング	
	忌避物質散布	マスタードやホルマリン溶液など忌避する薬剤を土壌にかけ，地表に這い出したミミズを採集
	電極法	直流電圧を土壌にかけ，地表に這い出したミミズを採集

物のサンプリング法についてまとめる。

土壌動物の野外におけるサンプル数は，動物の野外における分布のばらつき，土壌からの抽出効率，環境傾度，実験設定に応じて決めなければならない。また，個体数の算定や現存量の測定，種の同定には多くの労力が必要である。

種の分布様式や個体数変動要因を調べる個体群動態の研究では，研究対象の種の集中度やサンプルサイズ（面積）によって変わってくる。サンプル数を決める計算方法は武田（2007）に詳しく紹介されている。

生物は環境により個体数や活性が異なるため，ある場所の個体数を推定する場合，環境が同じところを選んでサンプリングする必要がある。たとえば森林斜面の谷と尾根では土壌型が異なり，尾根では有機物が堆積し乾燥している。谷ではリターと土が混和されているムル型土壌で湿潤である。谷と尾根では土壌生物群集の組成が大きく異なることから，均一な環境ごとにサンプリング計画を立てる必要がある。調査対象とする生物群によっても均一な環境は異なってくるので，注意が必要である。

4.2　野外における採集

野外で目視によって採集できる土壌動物は，地表面付近に生息する大型のものに限られる。見つけ取りの場合，落葉や倒木の下，あるいは土壌中に動物が逃げて隠れてしまうので，工夫が必要である。

4.2.1　シフターを用いた採集

ヤスデやクモ，ザトウムシなどの大型土壌動物をリターや表層土壌から抽出する方法としてシフティングがある。この方法は，篩《ふるい》で大きな有機物，石や団粒を取り除き，落葉の細片や土壌とともに落下した動物をピンセットなどで採集する。市販の篩を使う場合は，篩より大きいサイズのプラスチックバットや，ビニールシートの上でリターや表層土壌をふるう。土壌の表面を観察する場合と比べて，白いバットやシートのような平面上に落下した動物はより見つけやすい。

シフターは，効率よくシフティングをするための道具で，図4.1のように全

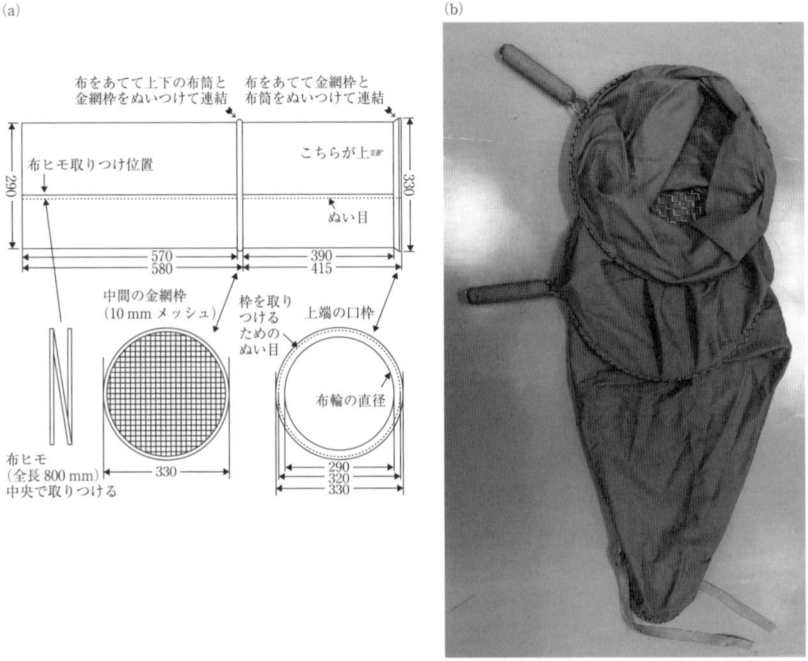

図 4.1　(a) シフターの構造（鶴崎，1996）と (b) シフターの写真

体が布で覆われており，中間の部分に網があり，その下に虫と土壌が落ちるようになっている。虫が集まる部分は紐で縛れるようになっており，一定量集まった後に紐を解いてバットやシートに土壌を広げられる構造になっている。リターや表層土壌を入れ，篩の部分をゆすり，動物がだいたい落ちたら，リターや表層土壌を捨て新しい試料を入れてまたふるうということを繰り返していく。

この抽出法は，定量的な調査ではなく，分類学的標本を集めるための定性的な調査で用いられる。詳しいシフターの構造や購入については，鶴崎（1996, 1998）に紹介されているが，篩と布を用い自作してもよい。

〈必要な道具〉

・篩（メッシュサイズ 5 mm 程度），もしくはシフター

・バットもしくはシート

・ピンセットもしくは吸虫管
・サンプル瓶，70% エチルアルコール　※生かしたまま持ち帰り，飼育に使うことも可能。

4.2.2　ハンドソーティングによる採集

大型土壌動物を定量的に採集するために土壌ブロックを対象としたハンドソーティング（直接採集）法がある。これは，一定量の土壌試料から肉眼で見える大型土壌動物をすべて採集する方法である。この方法では，ミミズ，ヤスデ，クモなどの大型土壌動物を採集する。

地表面に 50 cm×50 cm または 25 cm×25 cm の方形区を作り，マーカー（たとえば，竹串や割り箸でもよい）で方形区の目印を作る（図 4.2）。方形区より大きめのベニヤ板を用意し，中央を方形区の大きさにくりぬき，地面に置いて作業することもある（伊藤，2007）。

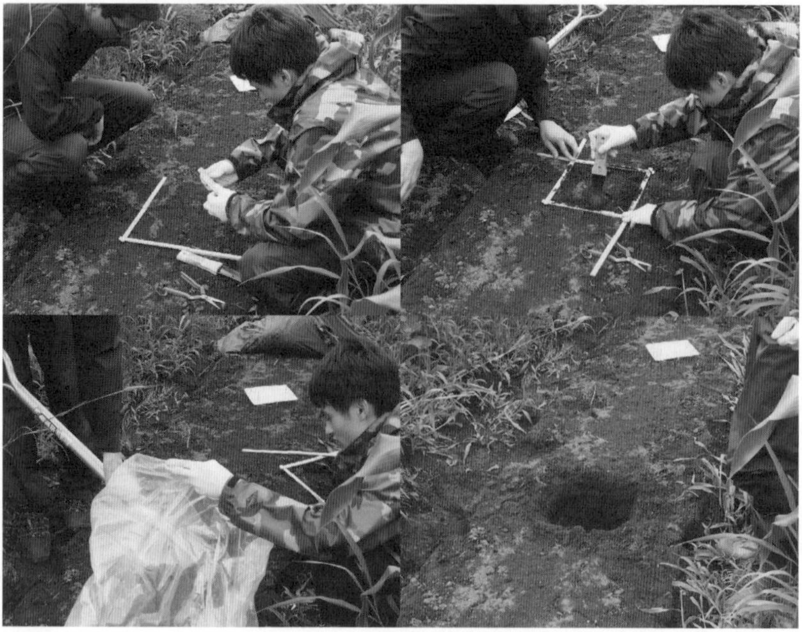

図 4.2　大型土壌動物のハンドソーティング

採集する落ち葉や土壌を大きめのトレイや，箱，あるいは袋に入れていく(図 4.3 上)。森林では落葉が厚く堆積しているので，落葉と土壌を別々のトレイに入れる方が，発見効率が高くなる。落葉の堆積量や根の量は土壌動物の個体数や種組成を決める重要な要因になるので，紙袋やビニール袋に入れて持ち帰り，乾燥後に重量を測定する。

一度採集し始めたら調査枠の横から入ってくる動物がいるため，枠外の落葉をさらに外側に寄せて動物の移動を制限し，落葉，土壌をすばやくトレイや土《ど》嚢《のう》袋に入れる必要がある。トレイがない場合，大きいビニール袋や土嚢袋に入れてもよい。ビニールは直射日光があたることで，土壌が蒸れてしまうが，土嚢袋だと蒸れる心配がない。

ハンドソーティングは，土壌を採取した地点付近で行うが，農地では日よけのテントやタープを張るとよい（図 4.3 下)。森林では傾斜のない場所を探して，シートを広げた上で作業をすると，調査用具をなくすことを予防できる。

採取した落ち葉や土壌を少しずつ新しいトレイかシートに移して広げ，動物を探す。動物を探す土壌の量を少なめにすることで，小さい個体の採集効率が高くなる。小さい動物は吸虫管で，大きい動物は直接手かピンセットで採集し70% エチルアルコールを入れたサンプル瓶に入れる。採集が終わった後に70% エチルアルコールを十分にサンプル瓶に補充し，動物を固定する。動物を探すときはトレイの表面が白色系で少し色がついているほうが見つけやすい。

定量調査の場合，アリは個体数が多くすべての個体を採集すると時間がかかるので，ハンドソーティング法では採集しないか，数個体（たとえば 10 個体)を同定用に採集し，全個体は採集しないほうがよい。アリの評価は別の方法で行う。動物が小さくアリかどうか判別つかない場合は採集し，実体顕微鏡下で同定の際，除外する。

土壌動物の調査の場合，表層からどの程度の深さまで土壌を採取するかは，調査の目的によって異なる。一般には根が多く分布している 20～30 cm 程度を調査地の特徴に合わせて設定し，一定の深さの土壌を掘り取る。大型土壌動物の多くは表層に生息しているため，30 cm まで掘り取れば十分であるが，1 m 以上の深さにも生息している土壌動物がいることは念頭に置いておく必要がある。

熱帯地域の土壌動物調査法の標準書（*Tropical Soil Biology and Fertility*; Anderson and Ingram, 1993）では，土壌ブロックの外側を掘り，最後に対象とするブロックを採取する。この方法では，試料だけを掘り取る方法に比べて，より深い層位までの採取が容易で，深さを正確に分けて採取することが可能である。しかし，掘り取る労力は大きくなるので，掘り取りに雇用できる労働力が十分に得られる場合でないと，現実的ではない。

ハンドソーティング法の利点は，現地で動物を採集でき，特殊な道具が不要なことである。一方，欠点は現地調査に時間がかかり，調査の習熟度により採集効率が異なることである。サンプル数は，調査内容により変わるが，一般的には1調査地点につき3ヵ所またはそれ以上の採集が求められている（青木，1995；中村，1997）。

サンプリング時期：ミミズについては場所により出現種数やバイオマスのピークが異なる可能性がある。ミミズの出現パターンに影響を及ぼす要因として，温度，乾燥状態，種組成が挙げられる。開けた農地であれば直射日光が地面に到達するため，夏は高温乾燥状態になりやすい。表層生息性のミミズは，高温乾燥条件では生息できないため夏以降は激減し，秋に調査しても表層生息性のミミズは採集できない。しかし北海道，青森のように夏場に高温乾燥になり難い地域では気温が低いため成長が遅く，成体を採集するには夏以降に採集した方が良い場合もある。研究テーマ，気候帯，調査地の組み合わせは無数にあるため，適切な調査時期は一様ではない。季節消長のパターンが明らかになっていない場所で調査を行う時は，事前に春，夏，秋で採集した方がよい。

保存方法：大型土壌動物のサンプルは通常70％エチルアルコールで保存する。ミミズの種の同定には解剖が必要なので，ホルマリンで固定すると体が柔らかいまま保存できる。ただしDNAバーコーディングなど遺伝子を用いて種同定する場合は，99％エチルアルコールで保存する必要がある。

〈必要な道具〉

・剣先スコップ，ハンドシャベル

・ビニールシート

・大きめのトレイやバットもしくは大判のビニール袋や土嚢袋

・定規，掘り取り範囲を示すマーカー

図 4.3 ハンドソーティングの様子 →口絵 3，口絵 4

・ピンセットもしくは吸虫管

・サンプル瓶，70% エチルアルコール

・落葉や根を持ち帰るための紙袋もしくはビニール袋

・油性ペン

〈注意点〉

・撹乱面積

掘り取り調査を行うと調査地を大きく撹乱してしまうことになる。土壌動物は集中分布するため，調査面積を大きくし調査地点を増やすことが望まれる。

試験プロットを作り長期間そこで調査を行う場合，各プロットの面積を大きくする必要がある。しかし，処理数，プロット設置場所の面積により各プロット面積が小さい場合，掘り取り面積を小さくせざるを得ない。さらに，掘り取り場所の周囲は調査者が歩くことで，撹乱されることも意識しておく。

・土壌サンプル保存期間と温度

土壌サンプルは，できるだけ早く処理すべきだが，多数のサンプルを処理するには非常に時間がかかってしまう。吉田（1995）によると，低温（できれば5℃）で保存すると7日間は保存可能であり，Schmidt（2001）はミミズの保存を4℃で行っている。しかし，筆者が夏場の関東で採集したミミズを5℃で保存した場合，ミミズはすべて死滅していた。一方，10℃で保存したミミズは生存していた。現地の地温に比べ，5℃はかなり低く，試料の急激な温度変化によりミミズが死滅した可能性がある。このため，ミミズも調査の対象にする場合，少なくとも夏場は10℃で保存した方がよい。

・採集時間

吉田（1995）は，ある程度経験を積んだ人が25×25 cm区画，深さ25 cmの土壌の体積で動物をハンドソーティングで採集したところ，コナラ林で1サンプルあたり平均2時間50分，モミ林で2時間35分要したことを報告している。中村（1977）も時間がかかることを紹介している。ハンドソーティングは非常に時間がかかるが，採集する動物の対象を絞ることで時間が短くなる。金田 他（2012）は，農地において25 cm×12.5 cm×10 cmの体積の土壌からミミズを採集するのに6分かけることで，ミミズバイオマスの90%以上を採集できるとしている。25 cm×25 cm×25 cmの体積に換算すると30分かかることになり，上記2時間半よりも5倍早い時間で終わることになる。掘り取り時間は別途かかるが，大幅に短縮できる。

4.2.3　ピットフォールトラップ

ピットフォールトラップ法は，地表面に落とし穴を作成し，落下した動物を採集する方法である。大型土壌動物の多くは落葉と土壌の間に棲んでおり，たとえばオサムシ科，ハネカクシ科などの甲虫は後翅が退化して飛翔能力をもたず，歩行を移動手段とし，地表を徘徊することから，ピットフォール（落し穴）

図 4.4　ピットフォールトラップ

トラップで採集される。

図 4.4 のように調査地の地表面に，穴をあけ，底のある容器を埋める。容器にはプラスチックのコップや容器（環境省生物多様性センター・自然環境研究センター，2015)[1] がよく使われる。また，塩化ビニルパイプを切断し，底を付けたものも，しばしば用いられる。容器は，トラップに落ちかけた動物が脱出しないよう，動物の体長より十分に長い開口部をもち，十分深いものを使う。トラップ周囲の土をトラップ上端と同じ高さ，または高くすることによって，地表を歩行する動物が落ちやすくなる。トラップ設置時には地表面とトラップの高さが同じであっても，降雨などによって周囲の土がトラップより低くなることもある。このようなトラップ上端の突出は採集効率を低下させるため，定期的にトラップを見回り，状態を確認することが望ましい。また，定期的な調査では調査者が歩くことによって地表面が攪乱されるので，通路をロープなどで表示し，固定するほうがよい[1]。

トラップの設置は晴天の日に行うことが望ましいが，雨天の場合，降雨がト

1)　http://www.biodic.go.jp/moni1000/manual/pitfall_ver3.pdf　2019 年 10 月 2 日確認。

ラップに入るのを防ぐため，トラップの開口部より大きな板に脚をつけ，屋根となるように設置するなどの工夫がされている。板は，薄手のプラスチック段ボール，塩化ビニル板，オーバーヘッドプロジェクター（OHP）シートなどを使い，竹ひごなどを脚とし，屋根が動物の移動を妨げないよう 5 cm 程度の隙間を確保して設置する。また，トラップの底に穴を開けた後，トラップ内の土壌動物は移動できない口径のメッシュで覆うなどして，トラップの底部に雨水がたまることを防ぐこともある。

ピットフォールトラップに入れるベイト（誘引剤）はさまざまな物が考案されている。捕食性や腐肉性の動物には，ソーセージや魚肉，食糞性のものは餌となる動物の糞が使われる。また，ビールのような飲料も設置してから腐臭をもつ場合，誘引剤になる。一方，トラップに誘引剤を入れない場合もあり，この場合，容器の底に何もないと土壌に比べて乾燥したり，多数の動物が落下したりした場合に，捕食性動物によってほかの動物が摂食される確率が大きくなるので，落葉や少量の土壌を入れる。

落下した動物がトラップ内で死亡して腐敗することを防ぐために，プロピレングリコールや合成洗剤を水に溶いたものを入れて保存液とすることがある。

本法を用いたオサムシ科の調査については，磯野（2006）に調査方法から解析，公表まで各段階で注意する点がまとめられている[2)]。

また，環境省モニタリングサイト1000では地表徘徊性甲虫調査がコアサイトで毎年行われており，マニュアルが公開されている[1)]。

本法は，調査者の技量の依存が少ないこと，ハンドソーティング法と比較して調査地の撹乱が少ないことが利点であるが，トラップを設置して一定時間後に回収する必要があるため，アクセスの悪い調査地では使用しにくい。

〈必要な道具〉

・トラップ用のカップ

・屋根，屋根を支える竹ひご

・誘引剤（ソーセージ，動物糞など）

2）　https://www.ffpri.affrc.go.jp/pubs/chukiseika/documents/1st-chukiseika-15.pdf，2019 年 10 月 2 日確認。

4.2.4 忌避物質を用いるミミズ採集

ミミズは土壌のさまざまな深さに生息しており，よく使用されるハンドソーティング法では，十分な深さが調査できていなかったり，十分な調査面積を限られた時間や労力でカバーしきれなかったりする恐れがある。

この方法は，ミミズの忌避行動を利用して効率的に採集する方法である。ハンドソーティングは土壌の中からミミズを採集するため，高い効率で生息しているミミズを採集することができる。また層別にサンプルを採集することでどの層に生息していたかがわかり，ミミズの種ごとの垂直分布を知ることができる。しかしその一方で，土壌を掘り取りミミズを探すため，非常に労力がかかることが欠点である。

忌避物質を用いる方法では，出てきたミミズを採集するだけなので，ハンドソーティングよりも大幅に労力が軽減される。ミミズの忌避物質としてさまざまな物質が試されているが，現在ではホルマリンとカラシ溶液がよく使われている。ホルマリンは人や環境に害がある点や抽出効率が2つの方法で大きく変わらないことが報告されているため（Muramoto and Werner, 2002），ここではカラシ溶液を用いた方法を紹介する。

カラシ溶液を用いる方法は海外でよく検討されている。マスタードやワサビの辛み成分であるアリルイソチオシアネートが，ミミズの忌避成分として知られているが，日本ではまだあまり使われていない。カラシ溶液を用いる方法でも研究例によりいくぶん方法が異なっており，最初から土壌にカラシ溶液を散布する方法，土壌を20～30 cm掘ってからさらに土壌の深い層にいるミミズを採集するために用いる方法，表層5 cmのみ土壌を掘り取り，それ以下のミミズを採集する方法などがある。カラシ溶液は，土壌全体に均一に深くまではしみこまないが，ミミズの作った坑道や土壌の大きい孔隙を通って流れていくので，坑道にいるミミズやカラシをまいた直下のミミズを採集できる。

以下に1調査地を1ヵ所0.25 m^2の面積で3ヵ所調査する場合で筆者が開発した方法（金田・南谷，2013）を記す。調査前日に粉カラシ（商品名：漬物やおでんに合う辛さひきたつ和からし，ヱスビー食品，アリルイソチオシアネート約1%）60 g，またはアリルイソチオシアネート0.6 g相当の粉カラシを水150 mLの割合で混ぜペースト状としたものを3つ準備し一晩置く。これらペースト状のものは1ヵ所で一つ用いる。調査直前に一つのペースト状のカラシにつき，水で8.6 Lに薄めカラシ溶液を作成する。調査はまず調査場所を3ヵ所選定し，50 cm×50 cmの方形区を割りばしなどのマーカーで設置する。図4.5のようにそれぞれの場所で表層5 cmまでの土壌をトレイに入れ，その後調整済みのカラシ溶液4.3 Lを掘り取った穴に流し込む。一気にすべての量は入らないので，カラシ溶液が溢れないように流し込む。カラシが土壌にしみ込む間，土表層に這い出てきたミミズを採集しつつ掘り取った表層5 cmの土中のミミズをハンドソーティングにより採集する。最初の4.3 Lが土にしみこんだ後10分待ち，残りのカラシ溶液4.3 Lをさらに流し込む。すべてのカラシがしみこんだ後10分待つ。この操作を3ヵ所で繰り返す。

〈必要な道具〉

・カラシ粉，ペースト状のカラシを入れる容器

・シャベル，定規，大きめのトレイ

・ミミズを入れるビニール袋，もしくはサンプル瓶

・200 mLメスシリンダー，8.6 L以上のタンク，洗浄用の水

忌避物質によるミミズの採集は，ミミズの活動性による。このため乾燥や低温によりミミズが下層へ移動したり休眠したりしていれば，採集効率が低下する。またカラシ溶液の土壌へのしみこみ具合も，効率に影響する可能性がある。筆者が農地で調べたところ，火山灰土壌，非火山灰土ともに高い効率でミミズを採集することができた。しかし，その調査では夏場に土壌の体積含水率25% 以下，土壌温度25℃ 以上になると採集効率が低下した。

本法ではカラシを用いているが，カラシの忌避成分であるアリルイソチオシアネートを用いることも可能である。商品化されたカラシでは，商品間や商品内でも忌避物質のアリルイソチオシアネートの含量が異なることが指摘されている（Valckx *et al.*, 2011）ので，商品間によってカラシを薄める濃度を変える必要がある。通常商品に含まれているアリルイソチオシアネートの含有量は記載されていないため，食品会社に問い合わせるか測定する必要がある。アリルイソチオシアネートを用いれば，薬品濃度の変化を気にすることなく用いることができる。ただ，比較的高価で引火性があり，水生生物には強い毒性がある

調査場所を 5 cm 掘る

カラシ溶液を流し込む

出てきたミミズを採集する

図 4.5　カラシ溶液によるミミズ採集の様子　→口絵 5

ため，取り扱いには注意を要する。

ハンドソーティングでは，高い効率で土壌からミミズを取り出すことが可能であるが，非常に労力がかかる。その一方で忌避物質を用いる方法は，ハンドソーティング法よりも効率が落ちるものの，労力が格段に軽減できる。このため，一時期に多地点で調査を行う場合，忌避物質を用いることで効率的に調査が行える。

ミミズは，高温に弱く，野外から実験室に生きたまま持ち帰るにはミミズが高温にさらされないようにする必要がある。ミミズを湿った土壌とともにビニールパックに入れ，それを保冷剤で冷やしたクーラーボックスに入れて運搬する。保冷剤の量は，周囲の気温や土壌の量にあわせて調節するとよい。

4.2.5　電極法によるミミズ採集

ミミズ採集には電流を土に流しミミズを土から追い出す Thielemann Octet 法がある（図 4.6）。他の手法と比較したところ，効率的にミミズが採集できることが明らかになっている。この手法では，ミミズ採集時に物理的な土の破壊

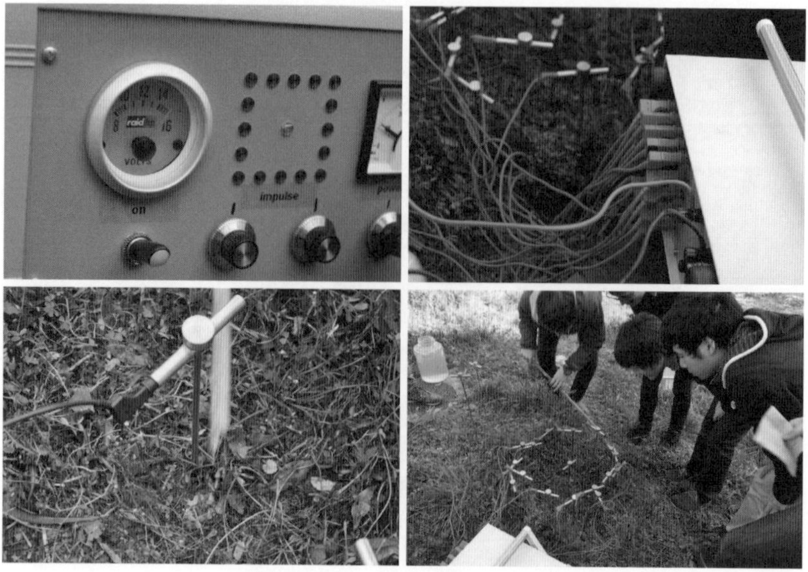

図 4.6　電極法による野外におけるミミズの採集

がないことで，植生，根の呼吸，菌根にも影響を与えないことが明らかになっている（Staddon *et al.*, 2003）。一方，電極装置が必要であり，現地での電源の確保，設置するのに時間がかかる点などマイナス要素も多く，あまり使用されていない。

4.3　ツルグレン装置を用いた大型土壌動物の抽出

大型土壌動物を土壌から抽出する方法として，第5章で述べるマクファーデン装置に相当するケンプソン装置または大型のツルグレン装置（図4.7）も用いられている。

ハンドソーティング法と抽出法は，野外における土壌の採取方法は同じであり，土壌からの動物の採集を手で行うか装置を用いるかの違いとなる。ツルグレン装置に入れる土壌の厚さは薄くし，一つのツルグレン装置に乗りきらない時は複数の装置に分けて処理する。吉田（1995）は，中型土壌動物での抽出時間よりも長めの5〜7日かけることを推奨している。

図4.7　大型ツルグレン装置

（国）農研機構農業環境変動研究センター設置。ライト設置後の高さ90 cm，幅40 cm，ライトは125 W。

〈必要な道具〉

・ツルグレン装置，もしくはケンプソン装置[3]

・シャベル，シート，大判のビニール袋または土嚢袋，定規，マーカー

・サンプル瓶，70% エチルアルコール

ハンドソーティングでは，熟練度で効率が異なることが問題であるが，抽出装置を用いると習熟度による効率のばらつきはなくなる。また，抽出効率はハンドソーティングよりも高い（吉田，1995）。加藤（1973）によれば，ハンドソーティングよりもツルグレンを用いたほうが分類群によっては抽出率が高い場合があるとしている。また，新海・加藤（1983）によれば大型土壌動物のツルグレン装置による抽出率は70% 以上であることが示されている。

一方，問題点としては装置の確保，土壌の運搬などがある。大型ツルグレン装置はその名の通り大型であるため，置き場所の確保も問題となる。加藤（1973）は，縦横 30 cm，高さ 10 cm の装置で，新海・加藤（1983）は，幅 203 cm 奥行 50 cm，高さ 87 cm で 5 基のツルグレン装置を用いている。通常のツルグレン装置を用いたとしても個数の確保が必要になる。また，土壌は非常に重く，比重が 1 と仮定しても，50 cm×50 cm×30 cm の土壌量だけで，75 kg となる。繰り返しや処理数にともなって土壌量が増えるため，1 回では処理できない場合，サンプリング日を何回かに分ける必要があり，運搬方法も検討しなければならない。このため，動物の採集にツルグレン装置が使用でき，かつ土壌の運搬に問題が無ければツルグレン装置を用いた抽出を，そうでない場合はハンドソーティングでの採集になる。撹乱面積の問題やサンプルの保存時間などはハンドソーティングと同じである。

4.4　大型土壌動物の種同定

日本産の大型土壌動物は分類群によって記載されている種の割合が異なるが，『日本産土壌動物』（青木，2015）で多くの土壌動物の分類群を特定できる。

野外から持ち帰った標本は，落葉や土壌とともにサンプル瓶に入っている場

3)　ケンプソン装置とは，次章のマクファーデン装置の大型版で，土試料を熱で乾燥させ動物回収受け皿は水冷で冷やす装置をいう。

合が多いので，シャーレなどに取り出し，ゴミを取り除いて，ラベルとともにサンプル瓶に保存する。節足動物は 70〜80% のエチルアルコールで，ミミズはホルマリン溶液で保存する。ただし，遺伝子解析に用いる場合は，全部または一部を 99% のエチルアルコールに保存する。また，動物の体の安定同位体比や脂肪酸組成などを分析する場合は，エチルアルコールを避け，飽和食塩水に保存するか，ただちに凍結乾燥を行ってから保存する。

引用文献

Anderson, J. M., Ingram, J.S.I. (1993) *Tropical Soil Biology and Fertility: A Handbook of Methods.* CABI Publishing, CAB International

青木淳一 (1995) 土壌動物を用いた環境診断. (沼田眞 編) 自然環境への影響評価—結果と調査法マニュアル—, 197-271. 千葉県環境部環境調整課, 千葉

青木淳一 編 (2015) 日本産土壌動物 第二版：分類のための図解検索. 東海大学出版部, 秦野

伊藤雅道 (2007) 大型土壌動物のハンドソーティング. (日本土壌動物学会 編) 土壌動物学への招待—採集からデータ解析まで—, 31-33. 東海大学出版会, 秦野

金田哲・南谷幸雄 (2013) 日本の農地環境におけるからし溶液を用いたミミズ採集法の適用可能性. *Edaphologia*, **92**: 25-31

金田哲・野崎真奈・藤井宏一 (2012) 農耕地における効率的なミミズ採集法の検討. *Edaphologia*, **90**: 25-30

加藤宏保 (1973) 房総の自然研究会・土壌動物班の紹介. *Edaphologia*, **8**: 17-21

Muramoto, J., Werner, M. R. (2002) Mustard Powder Vermifuge: An Alternative to Formalin Expulsion Method for Earthworm Sampling. *Edaphologia*, **70**: 7-11

中村好男 (1977) 大形土壌動物研究法. (北沢右三 編) 土壌動物生態研究法, 8-61. 共立出版, 東京

中村好男 (1997) ミミズ. (土壌環境分析法編集委員会 編) 土壌環境分析法, 168-170. 博友社, 東京

Schmidt, O. (2001) Time-limited soil sorting for long-term monitoring of earthworm populations. *Pedobiologia*, **45**: 69-83

新海明・加藤宏保 (1983) 大形土壌動物用ツルグレン装置 (清澄式) の製作とその抽出率についての検討 (1). 清澄, **10**: 11-22

Staddon, P. L., Ostle, N., Fitter, A. H. (2003) Earthworm extraction by electroshocking does not affect canopy CO_2 exchange, root respiration, mycorrhizal fungal abundance or mycorrhizal fungal vitality. *Soil Biology and Biochemistry*, **35**: 421-426

武田博清 (2007) 土壌動物個体群の研究法. (日本土壌動物学会 編) 土壌動物学への招待—採集からデータ解析まで—, 61-71. 東海大学出版会, 秦野

鶴崎展巨 (1996) シフターの紹介. *Edaphologia*, **57**: 47-49

鶴崎展巨 (1998) シフターの紹介 (2). *Edaphologia*, **61**: 61-62

Valckx, J., Govers, G., Hermy, M., Muys, B. (2011) Optimizing earthworm sampling in ecosystems. In: Karaca A (ed.), *Biology of Earthworms*, 19-38. Springer, Berlin

吉田勝一 (1995) 大型土壌動物の調査のしかた. (青木淳一・渡辺弘之 監修) 土の中の生き物, 観察と飼育のしかた, 24-37. 築地書館, 東京

第5章　小型・中型土壌動物の採集と同定

5.1　はじめに

大型土壌動物よりも体の小さい土壌動物は，野外において目視で採集することが困難なので，土壌ごと実験室に持ち帰り，土壌から分離することで採集する。個体数密度は大型土壌動物に比べると多いので，採取する土壌は100〜400 mL程度の量でよい。

第4章で述べたように，土壌動物のサンプリングは野外での採集以外に，土壌からの分離，標本の固定，種の同定に多くの労力が必要である。大型土壌動物のハンドソーティングによる採集は，野外下の労力や時間がかかるが，小型・中型土壌動物の場合は土壌の採取量が少なく，野外下の労力は相対的に少ない。一方，土壌からの抽出，得られた個体の処理や同定・計数に多くの時間を要する。

野外で目視によって直接採集することがほとんどできない小型・中型の土壌動物は，落葉や土壌試料ごと実験室に持ち帰り，さまざまな方法を用いて落葉や土壌から動物のみを分離する。これを一般に「抽出する」と呼んでいる。大型土壌動物では，生物群によって採集法はあまり変わらないが，小型・中型土壌動物では生物群によって変わるため，生物群ごとに採集，抽出法を記す（表5.1）。

サンプルのサイズ（面積，深さ）は研究目的によって異なるが，ほかの研究例との比較のために単位面積あたり（m^2 あたりが多い），もしくは土壌重量あたり（1 g あたりが多い）の個体数を表示するようにする。

表 5.1 主要な小型・中型土壌動物の土壌からの主な採集法および計測法

動物群	方法	原理
原生生物 (小型土壌動物)	最確値法(MPN法)	培養により個体数を増加させ計数する
センチュウ	ベールマン	過剰な水分を与え，水中に出てきた動物が比重により水底に沈むものを採集
	遠心分離	比重の異なる溶液で動物を分離
	洗浄法	比重の異なる溶液で動物を分離
クマムシ	ベールマン	過剰な水分を与え，水中に出てきた動物が比重により水底に沈むものを採集
ヒメミミズ	オコーナー	過剰な水分を与え，上から熱を加え高温にし下方へ移動する動物を採集
小型節足動物 (中型土壌動物)	ツルグレン	土壌を乾燥させ，下方へ移動する動物を採集
	マクファーデン	土壌を乾燥させ，下方へ移動する動物を採集

5.2 湿性土壌動物の採集と抽出

原生生物，センチュウ，ヒメミミズなどの湿性土壌動物は，ダニ，トビムシなどの小型節足動物よりもより水分要求性が高い動物群であり，5.3 節で述べる小型節足動物とは採集方法も大きく異なる。

5.2.1 原生生物の採集と抽出

原生生物は直径 3～5 cm のコアで 10～20ヵ所から土壌を採取し，混合して一つのサンプルにする。原生生物は小さいため採集器具に付着した土とともにサイト間を移動し，その土が落ちることで次のサイトに以前のサイトの原生生物が混入することがある。このようなサイト間の原生生物の混入を防止するには器具を滅菌した方がよい (Coleman *et al*., 1999)。土壌を採取する深さは耕地で 5～15 cm，草地で 0～5 cm と 5～10 cm，森林土壌では有機物層から行う (Aescht and Foissner, 1995)。日本の森林，特に有機物が鉱質土層によく混和されているムル型土壌では鉱質土層にも生息しているためサンプリングが必要になる。

原生生物は，周囲の環境に影響を受けやすく，好適な環境では数時間から数日で 1 世代を更新する。シスト化や脱シスト化もすぐにおこることから，調査地の活動個体を調べる時は早めにサンプルを処理することが望ましい。サンプル採取後48時間以内に処理を行うとし，24時間以内の処理が推奨されている。サンプルは，なるべく調査地の温度と水分条件で保管する（Aescht and Foissner, 1995）。土壌サンプルの取り扱いや採取時期はセンチュウにもいえることだが，Aescht and Foissner（1995）は土壌サンプルのわずかな乾燥も避けることとし，さらに篩を通すことを勧めていない。しかし，実際には土壌試料を篩でふるう研究も多い。原生生物は春と秋に個体数が最大になることが多いが，種数や生息場所により当てはまらないこともあるため，春夏秋冬での調査が望ましく，これが難しい場合は秋のサンプリングが推奨されている（Aescht and Foissner, 1995）。

抽出は以下の2つがある。

・直接検鏡法（原生生物）

基本的には，バクテリアやカビと同じ手法で，土粒子から原生生物を分離し，原生生物を染色後，またはそのまま微分干渉顕微鏡下で計測する。裸アメーバは土粒子にしっかりと吸着しているため，直接検鏡では難しい。詳しくはJopkiewicz and Sztantowicz（1993），Aescht and Foissner（1995）や村瀬（2013）を参照して欲しい。

・最確値法（MPN法）（バクテリア食性原生生物）

本法は，栄養塩や土壌抽出水で培地を作り，滅菌水を用いて土壌試料を多段階で希釈していき，一定期間培養後にどれぐらいの割合でそれぞれの希釈段階で原生生物が検出されるかを調べることで生息密度を推定するという方法である（図5.1）。希釈倍率は10倍すなわち土壌10 gを滅菌水で100 mLに希釈する方法がよく用いられており，この希釈倍率で5段階，6段階まで希釈する。一次希釈を10倍で行い，各希釈液の100分の1や1000分の1の量を原生生物検出用の培養容器に入れるとすると，乾燥土1 gに10万個体生息している土では，希釈は7段階で十分である。推定値は最確値表で簡単に調べることができ，繰り返し5回の表がよく使われている。また，繰り返し8回や10回の表も方法書（たとえば日本土壌微生物学会 編，2013）によっては紹介されている。培養容器はシャーレあるいは，96穴や24穴マルチウェルが用いられる。培地

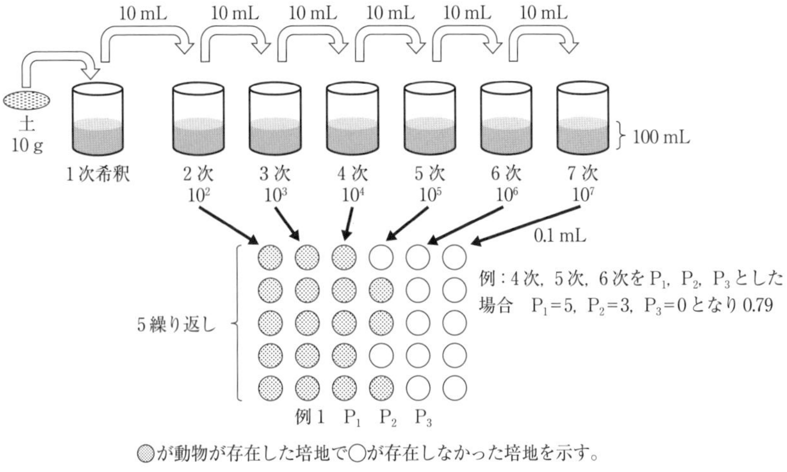

図5.1　最確値法の原理

として土壌浸出液，食塩水培地やアメーバ用塩類溶液が用いられており，この培地に原生生物の餌となるバクテリアを添加する方法もある。しかし，バクテリアは原生生物とともに希釈液中に存在しており，培地の養分でそれらのバクテリアは繁殖できるので，餌として別途添加しないことも多い。培養温度は10～25℃で行われており，1週間ごとに3週間まで倒立顕微鏡を用いて400～600倍率で検鏡する。検鏡では，アメーバ，繊毛虫，鞭毛虫がマルチウェル内に存在するかしないかを調べる。得られた結果により，どの数値を使って個体数を推定するかが以下のように異なる（Taylor, 1962；早津，2013）。

(1) 5, 5, 5, 3, 0のようにすべての繰り返しで原生生物が存在する希釈倍率が複数ある場合は，すべての繰り返しで存在した最も高い希釈倍率をP_1とし3つの連続した数値を用いる。つまり$P_1=5, P_2=3, P_3=0$となる。

(2) 5, 2, 0, 0, 0のようにまったく原生生物が存在しない希釈倍率が複数ある場合は，不在の希釈倍率で最も低い倍率の0から希釈倍率の低い3つの希釈倍率の結果を用いる。つまり$P_1=5, P_2=2, P_3=0$となる。

(3) 5, 5, 4, 0, 0のようにすべての繰り返しで原生生物が出現する繰り返しとまったく存在しない希釈倍率が複数ある場合，真ん中の3連続の希釈倍率を用いる。つまり $P_1=5, P_2=4, P_3=0$ となる。

(4) 5, 5, 4, 3, 0 のように5と0の希釈倍率の間に2つの希釈倍率がある場合は少し複雑になる。5, 4, 3 と 4, 3, 0 で最確値を計算し，さらにそれぞれ最確値の log 10 を計算する。2つの log 10 の平均を計算し最後に平均値の逆対数を計算する。

最確値法では P_2 の生息確認ウェル中に含まれる土壌量から土1gあたりの個体数を計算する。図 5.1 の例の場合，P_2 は5次希釈液になる。土壌 10 g を滅菌水で 100 mL に希釈し，1次希釈液 10 mL を 10 倍希釈して2次の希釈液とし，逐次 10 倍に希釈し，それぞれの希釈液から 0.1 mL を生息確認ウェルに添加したとする。そうすると5次希釈の確認ウェル一つあたりに入っていた土の重さは，0.000001 g となる。例の最確値は 0.79 のため，1gあたりに 790,000 個体生息していたことになる。土壌サンプルを乾土あたりで採取していない場合，土に水分が含まれているので含水率で生息数を補正する。

MPN 測定用に用いる培地には，アメーバ用塩類培地の一つとして Page's modified Neff's amoeba saline がある。この培地には1Lに 120 mg NaCl，4 mg $MgSO_4 \cdot 7H_2O$，4 mg $CaCl_2 \cdot 2H_2O$，142 mg Na_2HPO_4，136 mg KH_2PO_4 を溶かしたものである。さらに，この培地に1Lあたり 0.2 g の Nutrient Broth を加えた培地も用いられている。

〈必要な道具〉

- 96 穴か 24 穴マルチウェル
- マイクロピペット
- メスシリンダー
- 滅菌水
- 培地
- 倒立顕微鏡

〈注意点〉

原生生物には多様な生物が含まれており，種により生態的特性はさまざまである。最確値法では，生息確認ウェル中に1個体でもいれば在とカウントされる。培地の種類，培地の濃度，原生生物の餌として用いるバクテリアを添加する場合はその種により結果が変わることが知られている（橋本，2000）ことから，推定結果が条件によって変わってくる可能性が高い。また，生息確認ウェルで確認する単位がアメーバ，繊毛中，鞭毛虫なので最確値法で1個体でもカウントする場合は，これらの分類群ごとに考えると，個体数密度が過小評価になる（島野，2009）。確認する単位を種レベルにすることで，より詳細な個体数密度が推定可能になる。ただ，種の同定には専門知識が必要になり容易ではない（村瀬，2013）。また，原生生物は条件が良くなるとすぐに脱シスト化するため，計測している個体には土壌中で活動体の個体と脱シスト化した個体が含まれている。そこで土壌試料に塩酸処理などを行い活動体を死滅させ，死滅処理を行う試料と行わない試料の差をとることで活動体の生息密度を調べる方法がある（橋本，2000）。なお，所有している器具やマルチウェルにより繰り返しや希釈倍率を変えたい時もある。そんな時は農研機構が開発した微生物密度解析のための MPN（最確値）法関連のエクセル・マクロプログラムを用いるとよい[1)]。

• 分子生物学的および化学的手法

サンプリング時の活動個体を評価するには，採取してすぐのサンプル処理が推奨されている。しかし，最確値法，直接検鏡法とも手間がかかるため，一度に大量のサンプルを処理することは難しい。原生生物のバイオマスの変動を評価することで研究の目的が達成できるなら，サンプルを冷凍保存（−20℃ 以下）（浦嶋，2013）できるリン脂質脂肪酸（PLFA）分析が有効である。第6章で説明しているリン脂質脂肪酸は，生物の細胞膜を構成する PLFA が，糸状菌，バクテリア，バクテリアの一部の分類群，原生生物で異なっていることから，それぞれの生物群のバイオマスの推定に使われる手法である。原生生物は 20 : 3ω6 と 20 : 4ω6 が指標物質とされている（Vestal and White，1989）。また，土壌に含まれる全体の DNA を直接抽出し解析する手法の開発も進められている（たとえば島野，2009）。

1） https://agriknowledge.affrc.go.jp/RN/3010010531　2019年10月2日確認。マクロプログラムは農研機構西日本農研から入手できる。

5.2.2　土壌中のセンチュウとクマムシの採集と抽出

土壌には植物寄生性や昆虫寄生性のセンチュウのほかに，自活性のセンチュウが多数生息しており，物質循環やほかのセンチュウにさまざまな影響を与えている。また，クマムシ類もセンチュウと同じ方法で採集できる。

個体数が多いセンチュウの場合，調査地内から複数の地点のサンプルを取り，それを混ぜ合わせ一つにし，そのサンプルから動物を抽出することが多い。センチュウの場合，調査面積に関わらず，10～20箇所から少量ずつ採取し混ぜ合わせた500～1000 g程度の土壌を一つの抽出用サンプルとする（皆川，1997）。水久保（2014）は圃場規模に応じたセンチュウのサンプル数決定法を紹介している。

サンプリング時の試料の取り扱いに関しては，土壌の温度，水分含有率，物理的な撹乱に注意する。センチュウは暑さに弱く，多くのセンチュウは40℃以上で死ぬため，サンプリング後は日光の当たる場所にサンプルを置かず，日陰で保存する（水久保，2014）。試料を研究室に持ち帰る際の注意として，試料への振動が抽出効率に影響することがある。水久保（2014）によるとユミハリセンチュウは振動により不活性化するため，サンプルを実験室まで持ち帰る際に，可能な範囲で振動を与えないようにする。サンプルの撹拌時に，複数の土壌を混ぜる時はなるべく穏やかに混ぜる。4分間の混和はセンチュウの生存率を約半分に低下させるが，1分間以内なら土壌から分離されるセンチュウ数の減少は少ないという。ほかの動物群では撹拌による影響はあまり報告されていない。しかし，土壌動物は試料の圧縮に強いわけではないので，できるだけ穏やかに混ぜた方がよい。土壌サンプリングの時期は，春夏秋冬の各季節を通した調査が望ましいが，これが難しい場合は秋のサンプリングが推奨されている（Aescht and Foissner, 1995）。

大量のサンプルがある場合は，早めにサンプルを処理した方がよいが，一部を保存し，順次処理を行うことになる。Takemoto *et al.*（2010）はPCR-DGGE法を用い土壌の保存温度や保存期間が得られるセンチュウの群集組成にどのような影響があるかを調べた。この方法では，まずセンチュウをベールマン法や遠心分離法を用いて土から抽出し，抽出された個体の中からランダムに300頭程度のセンチュウを取り出し，これらの個体を破砕し，PCRを増幅させ，

図 5.2　ベールマン・トレイ装置

DGGE を行うというものである。その結果，14 日間保存したあとにベールマン・トレイ装置（図 5.2）で抽出しても群集組成が変わらず，10℃ での保存が最適であると報告している。

センチュウでは抽出効率の確認のために，ごくわずかの土壌を水に入れ動物を調べるという直接観察法で調べられることもある。

以下にセンチュウ，クマムシの抽出方法を述べる。

• ベールマン装置を用いた抽出（センチュウ，クマムシ）

ベールマン装置は，センチュウやクマムシを採集するときに使われる安価な装置である。原理としては，比重が水より重いセンチュウやクマムシを，水中で活動させ，容器の下に集め回収するというものである。

図 5.3 のようにロートにゴム管をつけ，ゴム管にピンチコックを取り付ける。ロートに水を入れ，下から水が漏れないかチェックする。その後 2 mm の網をロートの中に入れ，その上にキムワイプを敷く。サンプル（土壌，有機物，コケなど）をキムワイプの上に均一になるようにのせ，サンプルが完全に水没するよう水位を調節する。網の下に泡が入っていないかも同時にチェックする。この状態で 2 日間抽出する。水分が蒸発する場合，適宜水を入れ水位を調節する。2 日後にピンチコックを開け，5～10 mL 程度の水を瓶に入れることで容器の下に集まった動物を回収する。一つのサンプルを 2 つ以上にわけ，繰り返しをとることが望ましい。センチュウを中心に調査する場合，センチュウは密度が高いため，土壌 20 g 程度を分離に使う。一方，クマムシは密度が低いの

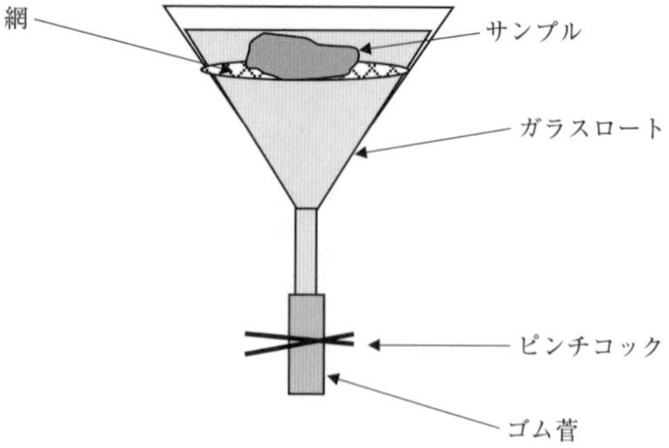

図 5.3　ベールマン装置
ロート上部の直径 12 cm，網の直径 9 cm。網の上にキムワイプを敷くと土が回収瓶に落ちにくい。

で，クマムシを中心に研究する場合は土壌を 100 g 程度に増やす（伊藤，2007）。この方法では，特に特殊な機器が不要なため，安価で行いやすい点が利点である。欠点は，抽出効率が悪い点やセンチュウの生理状態や土壌条件によって抽出効率が変化しやすいことである（佐野，2014）。

ベールマン装置はロートを用いるが，応用型でトレイを用いる方法（図 5.2）もある。原理はベールマン装置と同じで土壌を水没させ，サンプルの中から動物を分離する方法である。この方法ではロートを使わず直径 15 cm 程度のトレイを用意し，その上に乗せる網を用意すればよい。網の上にキムワイプを敷き，そこに土壌を広げて抽出する。トレイの水を回収し，一定時間後に上澄み液を捨て，駒込ピペットを用いて底に沈んだ動物をサンプル瓶に移す。この方法の利点は，ベールマン装置よりさらに簡便な道具で動物を抽出できることである。

〈必要な道具〉

・ベールマン装置：ロート，ゴム管，ピンチコック，キムワイプ，網，蒸留水

・ベールマン・トレイ装置：トレイ，キムワイプ，網，駒込ピペット，蒸留水

〈注意点〉

抽出中にサンプルに土壌が入ると，その後の動物を分離する作業の効率が著し

く低下する。土壌が落ちないよう目の細かいキムワイプに土壌をのせることで土壌の落下を防ぐことができる。

センチュウやクマムシの数のみ計測する場合，実体顕微鏡で計測できる。動物が入った回収液をシャーレに入れて実体顕微鏡で観察する。分離後回収した液を10～12℃で保存する場合10日程度なら保存できる（佐野，2014）。

センチュウを固定する場合はTAF固定液を用いる。TAFは，トリエタノールアミン2.0 mL，ホルマリン（37%ホルムアルデヒド）7.5 mL，蒸留水90.5 mLを混ぜた固定液である。TAF固定液をセンチュウの入った溶液に加えることで，センチュウを溶液から1個体ずつ取り出すことなく固定できる。このためTAFのトリエタノールアミンとホルマリンの濃度を2倍にし，抽出溶液の量を数ミリリットル程度に減らす。センチュウの入った抽出液をアスピレーターなどでセンチュウを吸わないように上澄み液を減らす。この時抽出液を面積の小さいガラスバイアルに移しておくと上澄み液採水後の溶液が少なくできてよい。上澄み液をとった後，バイアルごと60℃，30秒間温湯に漬け熱殺する。バイアルに残った抽出液と同程度の量のTAF固定液を入れることで固定標本を作る（荒城，2014）。生きたままセンチュウを直接ホルムアルデヒド固定液に入れると不規則な形状を取り観察に支障をきたすが，熱殺することでそれぞれの特徴ある外形を示しやすい（荒城，2014）。クマムシはエチルアルコールを用いる。いきなり高濃度のエチルアルコールに漬けるとクマムシが収縮することがあるので，エチルアルコール濃度を10%，60%，80%と3日かけて上げていく。（伊藤，2007）。

• 遠心分離法によるセンチュウの抽出

ベールマン法では，活発な動物を土壌から分離できるが，動きが少ない種や活動性の無いセンチュウは回収できない。しかし，遠心分離法は，こういったセンチュウも抽出することができる。

土壌試料10 gを50 mLの遠沈菅にいれ，水20 mLを加えガラス棒で団粒を崩しながら撹拌する。その後比重1.2のショ糖液15 mLを遠沈菅の底に注ぎ，ガラス棒に付着した土壌を遠沈管に洗い流す。遠心器に遠沈菅をセットし

2500 rpm で5分間遠心する。遠心終了後沈殿を残し上澄液を小瓶に移し，センチュウが沈降するまで4時間待つ。その後上澄み液を捨てて顕微鏡下でセンチュウを計測する。

本法の欠点は，一度に処理できるサンプル量が少ないことである。また，粘土が多い土壌からは抽出率が低下する傾向がある。さらに，死亡した個体も分離されること，大型センチュウの分離率が低いこと，砂質土壌では土壌の攪拌過程でセンチュウがすりつぶされてしまうことがあるので注意が必要である（佐野，2014）。標本の固定，保存はベールマン装置と同じである。

〈必要な道具〉

抽出：遠心分離装置，比重1.2のショ糖液，50 mL 遠沈管

5.2.3　ヒメミミズ類の採集と抽出

ヒメミミズは原生生物やセンチュウに比べるとはるかにサイズが大きいが，土壌中で目視で採集することが困難なので，一般には原生生物やセンチュウと同様，湿式の抽出法が用いられる。ヒメミミズ相を調査する場合は，表面積20 cm^2 の100 mL の円筒で最低10箇所から土壌を採取し，生息密度が低い場所では30箇所から採取すると正確な生息密度が推定できる（Górny, 1993）。ヒメミミズの多くの個体は，有機物層，有機物層直下，根圏層に生息している。このため，こういった層がどの程度あるかで採取深度を決めることになるが，おおよそ表層から5～20 cm の範囲になる（Górny, 1993）。

中村（1997）は，ヒメミミズの採集から抽出までの間，センチュウと同様に試料に振動を与えるのは避けるべきとしているが，振動の影響がどの程度あるかは不明である。サンプルの保管期間について，Abrahamsen（1972）によると，ヒメミミズを抽出する土壌サンプルは，2～3℃ で保管すれば3ヵ月保存できることが示されている。

• オコーナー法による抽出（ヒメミミズ）（図5.4）

ヒメミミズはオコーナー法で土壌試料から抽出する。この方法は，前述のセンチュウを抽出するベールマン装置を改良し，土壌試料の上部に電球などで熱を加え短期間で効率的にヒメミミズを抽出する方法である。ベールマン法同

図 5.4　オコーナー抽出装置

(国) 農研機構　農業環境変動研究センター設置。ロート部分の構造は図 5.3 のベールマン装置と同じ。ロート上部の直径 12 cm。網の直径 9 cm。網の上に麻布を敷くと土が下に落ちにくい。電球 75 W。サンプル周辺が 40℃ 以上にならないように温度センサーを用いて調整する。

様，土壌をのせた網をロートの上に置き，自然に落ちてくるヒメミミズを 3 時間後に回収する。この方法も安価である。ロートにゴム管をつけ，ゴム管の下にピンチコックを取り付ける。ロートに水を入れ，下から水が漏れないかチェックする。その後 2 mm の網をロートの中に入れ，その上に土壌が下に落ちないよう麻布を敷く。センチュウに比べヒメミミズは大型なので，キムワイプなどではなく，目が粗く布地の厚みがある麻布を使う。土壌を麻布の上に均一になるようにのせ，土壌が完全に水没するよう水位を調節する。その後ランプをつけ，表面の水温が 3 時間後に 40℃ になるようにする（図 5.5）。ランプ点灯 3 時間後にピンチコックを開け，下に集まったヒメミミズを回収する。抽出時のサンプルの繰り返しは 2 回以上が望ましい。ヒメミミズは，実体顕微鏡下でも十分調べられる大きさであるため，個体数は実体顕微鏡下で計測する。ただし属や種を同定する時は，生物顕微鏡下で調べる。属レベルの日本産ヒメミミズの検索は，『日本産土壌動物』の図説で行える。中村（1997）によると，種同定は生きている間に行うと判別しやすいという。直ちに行えない場合は 4℃ で保管するが，同定に耐えられるのは 2 日が限度とされている。抽出後のヒメミミ

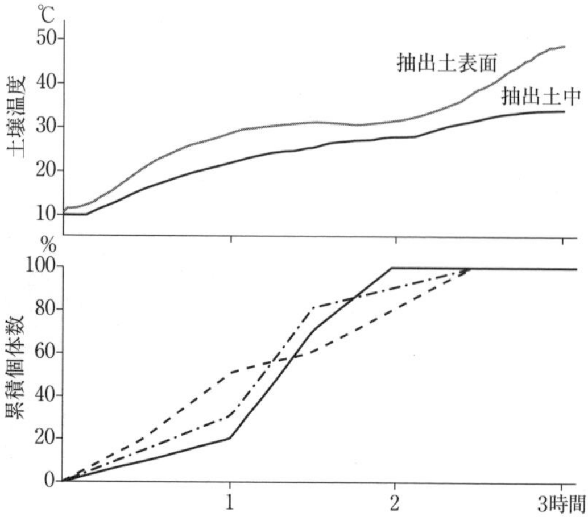

図 5.5　オコーナー装置の土壌温度と抽出率の時間変化
電球（40 W）照射のオコーナー装置によるヒメミミズの抽出曲線。中村（1988）から引用。

ズを長期間保存する場合，60% エチルアルコールまたはブアン液で保存する。ブアン液はピクリン酸飽和水溶液 17 に対し，酢酸 1 を容積比で混ぜたものである。

〈必要な道具〉

ロート，ゴム管，ピンチコック，ランプ，麻布，網，サンプル瓶，駒込ピペット

5.3　小型節足動物の採集と抽出

ダニ類やトビムシのような中型の小型節足動物（表 5.1）は，一般に野外から持ち帰った土壌を実験室で処理して抽出装置を用いて分離する。土壌を乾燥させると，小型節足動物は一般に下方へ移動する。抽出装置で試料の上部を加熱し，土壌を徐々に乾燥させ，動物が自力で移動することを利用して，土壌から分離する。

土壌動物の抽出装置による土壌からの抽出効率は，（André *et al*., 2002）が詳しく検討した。残念ながら生態学的研究によく使われている土壌からの抽出法はどれも完全なものではなく，ここで述べるツルグレンやマクファーデンとい

図 5.6　小型節足動物調査用の土壌コアの採取

った動的な方法の場合，抽出効率はおおよそ 40% 程度しかない。また，移動性に乏しい幼生や脱皮中の個体は，抽出されにくいので，動物の発育段階や乾燥に対する種の耐性の違いも影響する可能性がある。しかし，抽出装置を用いた小型節足動物の調査は世界中で広く行われており，地域ごとの密度や種数の違いの比較は可能であろう。

サンプリングの道具として 100 mL の土壌採土円筒や，同程度の容量となるように塩化ビニル製の円筒を適当な長さに切断したものがよく用いられている。調査地からサンプルを持ち帰る際，サンプルがお互いの重さで潰れないよう円筒に土壌を入れたまま持ち帰るとよい。図 5.6 は，断面積 20 cm^2 の塩化ビニル製の円筒を深さ 5 cm に切断し，容積を 100 mL とした採土円筒で土壌を採取している様子である。剪定ばさみで落葉，落枝を切断し，円筒の周囲を根切りやナイフで切断し土壌構造を壊さないように円筒を地面に差し込む（図 5.6b）。有機物層と鉱質土層とでは単位重量あたりの生息密度が大きく異なる

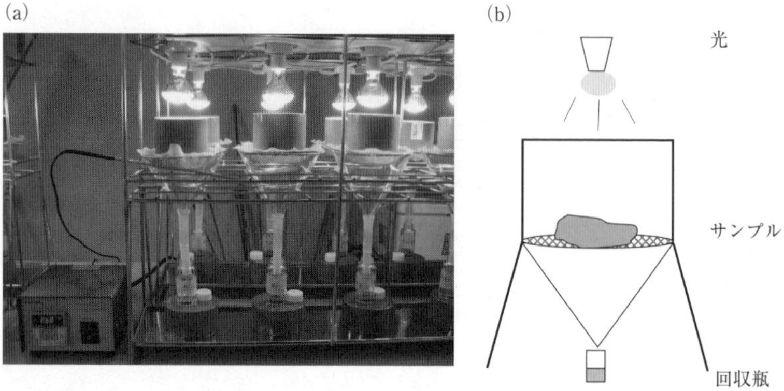

図5.7　ツルグレン抽出装置
（国）農研機構　農業環境変動研究センター設置。電球25 W。(b) ツルグレン装置の原理

ため，有機物層が厚い場合は，鉱質土層と分けて採取する。ハンドショベルで土壌を掘り取り（図5.6c），結露防止と固定のために濾紙ではさんで土をタッパー（蓋に通気用の小穴を開けてある）に入れ（図5.6d），タッパーを保冷箱に入れ実験室に運ぶ。

野外で採取してサンプルの数が多いと装置の制約で，一度にすべてのサンプルから抽出処理できないことがある。この場合，抽出を行うまで土壌試料を保存することになるが，青木（1977）では，10〜15℃ くらいの低温で4〜5日保存するとしている。ただ死亡率の検定は行っていないため，この保存方法で影響があるかどうかは明らかになっていない。

・ツルグレン装置による抽出

小型節足動物を採集する方法としてツルグレン装置（図5.7）がよく用いられている。大型土壌動物を抽出するときは大量の土壌を用いるが，定量調査で小型節足動物を中心に抽出する場合では，100 mL 程度の少量のサンプルで抽出を行う。定性的な調査であれば300〜400 mL 程度の土壌や有機物サンプルを装置に入れ，多くの動物を得るようにする。

調査地から持ち帰ったサンプルをツルグレン装置（図5.7）の2 mm の網の上に広げる。ロートの下に70% エチルアルコールを入れたサンプル瓶を置き，

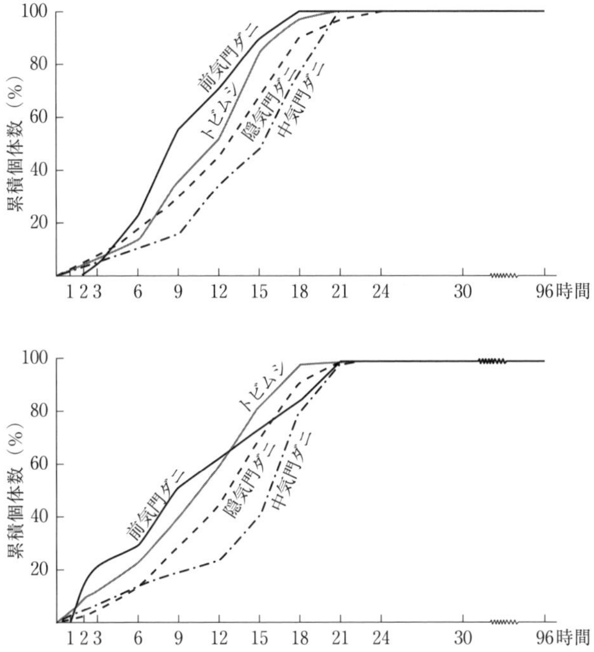

図 5.8　ツルグレン装置による動物の抽出過程（青木，1977）
電球（40 W）照射のツルグレン装置によるダニおよびトビムシの抽出曲線の 2 例。

サンプルの上部が 30～40℃ になるように熱を加える。網全面に土や有機物を乗せると，サンプルから出た湿気でロートに水滴がつき動物がそこに付いて下に落ちないこともある。このため通気が可能なよう網全面に土や有機物を乗せないようにする。時間とともにエチルアルコールが蒸発するので，適宜アルコールを追加する。その後 3～7 日程度で動物の抽出が終わる。ツルグレン装置は特殊な器具を使わずに作れることが利点だが，一方で作成したツルグレン装置の抽出時間はまちまちである。このため，抽出に用いる土壌の量でどの程度の時間で動物の抽出が終わるかを一度確認した方がよい。方法としては，サンプルを装置に設置し上部から熱を加え始めた時間から，一定時間（たとえば 6 時間）ごとに下で受けるアルコールの瓶を変え，どの時間で動物が土壌から落ちてこなくなるかを調べる。図 5.8 に青木（1977）が調べた例を記す。この装置では24時間ですでにほぼ抽出が終わっていることが分かる。この方法により作成したツルグレン装置の抽出終了時間を確認することができる。

青木（1977）によりツルグレン装置の小型節足動物の抽出効率の結果がまとめられている。それによると抽出率は30％程度とされている。抽出効率を上げる方法として，装置を少し大型にし，サンプルを薄く広げることが挙げられている。しかし，土の塊をほぐす際，体の柔らかい動物が死亡し，抽出されない可能性がある。また土壌構造は複雑なため各サンプルの土壌を同じように均一に崩すことも難しく，抽出率の誤差の原因になる可能性がある。したがって，定量的な調査ではサンプル間での抽出時の誤差を低くするため土壌サンプリングの際に土壌構造を壊さずに持ち帰り，そのまま抽出装置にかける方がよい。土壌構造を崩して薄く広げるか，構造を残すかで抽出率や，抽出されやすい動物相が変わってくると考えられるため，同一研究内では統一した方法でサンプルを処理しなければならない。

〈必要な道具〉

採土円筒，ハンドショベル，ナイフ，クーラーボックス，剪定バサミ，ろ紙，ツルグレン装置，70％エチルアルコール，サンプル瓶

・マクファーデン装置による抽出

ツルグレン装置では，つねに熱をサンプルに加えることになり，サンプルが熱くなりやすく動物が土壌を通り網から落ちる前に土壌中で死亡する割合が高いといわれている。それを改善した装置としてマクファーデン装置がある（図5.9）。マクファーデン装置では，サンプル上部から熱を加えると同時に下部から水冷でサンプルを冷やす。サンプルを回収するカップは水に浸かっている。これによりサンプル内の温度，水分の勾配をつける仕組みになっている。これにより動物の抽出効率が増加すると考えられている。サンプルは土壌コアに入れ，コアの下には土壌が落ちないよう網を取り付けておく。土壌コアで下のカップを完全に覆うとカップ全体に水滴がつくことがあるので，少し隙間を開けておくとよい。カップが入る穴を開けた板を水槽の水面よりやや高い位置に取り付ける。マクファーデン装置は水で冷やすため，装置につけるホースが外れたりホースが詰まってサンプルが水没したりすることがあるので気をつけなけ

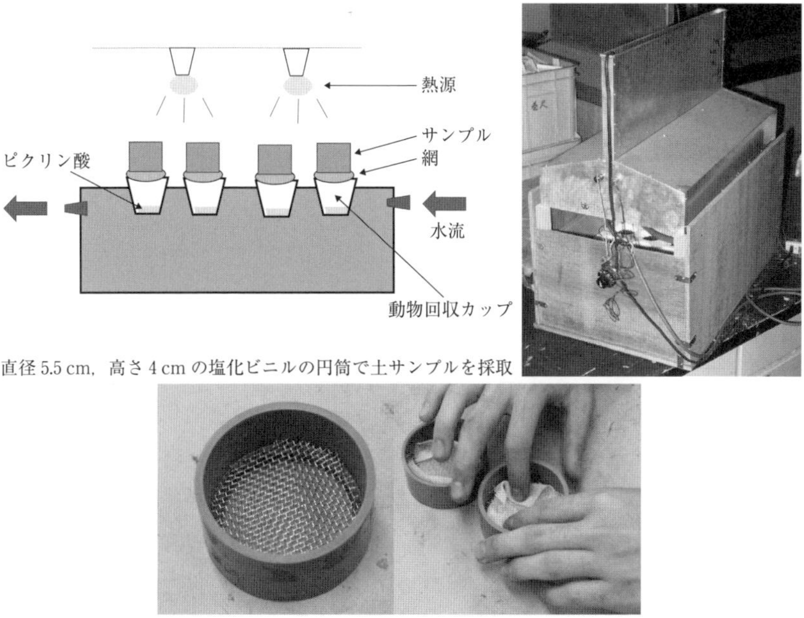

図 5.9　マクファーデン抽出装置

ればならない。

マクファーデン装置を使う場合，サンプルと保存液の距離が近いため，動物を回収する容器内に揮発性のあるアルコールは使えず，ピクリン酸飽和水溶液がよく用いられている。抽出時にはピクリン酸飽和水溶液を用い，サンプルを保存するときはピクリン酸飽和水溶液をエチルアルコールに置換し保存する。置換の方法は，動物の入っているピクリン酸飽和水溶液を 0.1 mm 程度のメッシュに通し，動物だけをメッシュに残すようにする。次にメッシュ上の動物をエチルアルコールの入った保存瓶に移す。メッシュの面積が広いと作業が大変なため，内径 2 cm，高さ 2 cm 程度のガラス管にメッシュを取り付け小型篩を作成するとよい。マクファーデン装置を使う場合，この置換する作業も少し手間となる。ピクリン酸は毒性があるため下水に流すことができないので，取り扱いに注意を要する。

〈必要な道具〉

採土円筒，ハンドショベル，ナイフ，クーラーボックス，剪定バサミ，マクファーデン装置，ピクリン酸飽和水溶液，サンプル瓶，小型篩い（0.1 mm メッシュ），駒込ピペット

・ウィンクラー抽出法

ウィンクラー装置は，簡易的なツルグレン装置に相当し，布と網からできていて，折りたたんで携行できる（図 5.10）。室内で装置に薄くした試料を挟み，室温で乾燥させる。試料の乾燥とともに動物が下方に移動することを利用する点は，ツルグレンやマクファーデン装置と同じである。

抽出した動物標本は，目のレベルまでなら実体顕微鏡で，科以下のレベルだと生物顕微鏡で調べることになる。

種の同定には 1 個体や数個体を 1 枚のプレパラート上に封入するが，群集解析には一つの土壌試料から抽出された個体を全部，あるいは一部を 1 枚のプレパラートに封入し，算定すると作業が早い（集合プレパラート）。このためには，その調査地で出現する対象とする動物群のすべての種について，あらかじめ同定用の標本を作り，顕微鏡下で同定できるようにしておく。集合プレパラートのサンプルはサンプル瓶や小型のシャーレから駒込ピペットなどでアルコールごと吸い取り，プレパラート上に移動させ，アルコールをティッシュペーパーなどで取り除く。この際，土壌や落葉の破片が少々入っても，動物と重ならない程度なら，そのまま封入する。

個体数の計数にあたって，生物顕微鏡の XY ステージ上で上から下へと一定視野の範囲をスキャンし，次に 1 視野分，右，あるいは左に移動してカバーグラス全体をもれなく検鏡する。個体数の計数には 100 倍の倍率が使いやすい。集合プレパラートは，角形のカバーグラスをプレパラートグラスとなるべく平行になるように固定することで，視野の見落としを少なくできる。

節足動物のプレパラート標本には，ガムクロラール（ホイヤー氏液）が封入剤としてよく用いられている。ガムクロラールは，市販品もあるが，自作も容易である。包水クロラール 40 g を乳鉢ですり潰し，アラビアゴム 6 g を入れてよく混ぜる。次に蒸留水 10 mL とグリセリン 4 mL を加えよく混ぜる。この混

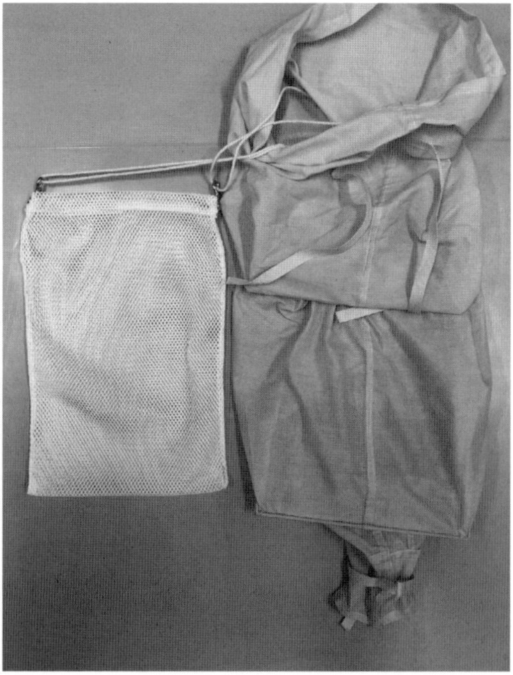

図 5.10　ウィンクラー式抽出装置

合液には夾雑物が含まれているので，それらが沈殿するのを待ち上澄み液だけを用いる。プレパラートに動物を乗せ，ガムクロラールをプレパラートに垂らし動物と液をよく混ぜる。最後にカバーグラスを乗せればプレパラート標本が完成する。ガムクロラールは水分が入っているため，時間とともにカバーグラスの周囲から隙間ができるので，適宜ガムクロラールを補充し空気を追い出す。透明のマニキュアでカバーグラスの周囲を封じることで比較的長期間保存することができる。ガムクロラールは水溶性なので，古い標本のカバーグラスは水を加えるとはぎ取ることも可能である。

計数の際には，ノートに出現する分類群をあらかじめ書いた表を用意し，漢字の正の字か数取り器などを使って数え個体数を記入する。

図5.11　土壌羽化トラップ

5.4　羽化昆虫の採集

羽化トラップは，水面や地表面から地上へ羽化する昆虫を採集する。土壌にはハエ目やハチ目の昆虫の幼虫が生息しており，羽化することで地上部へ移動する。森林で使用できる羽化トラップの自作法が，森林総合研究所で開発され，紹介されている。図5.11は，水面に浮かべて湖沼から羽化する昆虫を採集するトラップを農地で使用した例である。

横浜国立大学の構内で1年間にわたって毎月行なわれた観測では，4月と9月に多くのハエ目昆虫の羽化が見られた（須藤・伊藤，2007）.

5.5　小型・中型土壌動物の種同定

日本産の小型・中型土壌動物に関しては，幸い，詳細な検索図説が整備されている。トビムシ，ダニ類は青木（2015）の『日本産土壌動物』の検索図説の検索表で同定することができる。このほか，第1章に紹介したさまざまな図鑑やモノグラフがある。また，動物群ごとの分類学的な情報をまとめたデータベースや，写真をまとめたwebページも増えてきている。

なお，土壌動物は1.3.2項で述べたように陸上動物のほとんどの分類群を含んでいる。哺乳類や鳥類と違って無脊椎動物には依然として分類学的な研究が十分でない動物群がほとんどである。したがって，土壌から採集したすべての動物の同定を種か属レベルで行うことは困難である。そのような場合には，科など最下位の同定できる分類群別で記録しておく。

5.6 調査例

農作業管理（耕起や草生栽培の有無など）や気候変動（気温や降水量の変化など）といった要因が土壌生物に及ぼす影響を把握する要因実験と土壌生物多様性をモニタリングする調査例を記す。

要因実験の例：ISO（2012）では，事前調査の重要性，サンプリングデザインや事例をまとめている。その具体的な事例の中で，耕起と不耕起，慣行栽培と有機栽培などの農業管理が土壌生物に及ぼす影響を評価する一例を紹介する。まず，調査地におけるブロックは4つ以上を設置し，1ブロックで処理区ごとに1繰り返しのプロットを設ける。微生物，センチュウ，土壌の理化学性を測定する場合，サンプルは，プロット内で12ヵ所から円筒（直径8 cm，深さ15 cm）を用い土壌を採取し混合サンプルを一つ作る。トビムシやダニの小型節足動物は，1ヵ所から円筒（直径8 cm，深さ10 cm）で土壌を採取する。ミミズは1 m^2で1ヵ所採取し，大型土壌動物は25×25 cm，深さ15 cmの土壌を2ヵ所採取するとしている。

モニタリング調査の例：欧州連合（EU）では土壌保護を目的に土壌侵食，土壌生物多様性減少，砂漠化などの9つの脅威に対する指標を作ることを目的として土壌環境モニタリング，ENVASSO（Environmental Assesment of Soil for Monitoring）プロジェクトを行った。その中で土壌生物多様性を把握する指標としてミミズ，トビムシ，土壌呼吸を取り上げている。ミミズはハンドソーティングとホルマリンなどの忌避物質を用いる採集を組み合わせているが，最初にハンドソーティングで調査を行う場合50 cm×50 cmの面積で最低10ヵ所とし，最初にホルマリンを用いる調査では1 m^2の面積で行い，土壌の掘り取りをそのうち25 cm×25 cm，深さ20 cmで1ヵ所で行う作業を3繰り返しで行うことを推奨している。トビムシの採集では最低3繰り返しを，土壌呼吸では最低10ヵ所から土壌試料を採取し混合サンプルを作ることを推奨している。

引用文献

Abrahamsen, G. (1972) Ecological study of Enchytraeidae (Oligochaeta). In: *Norwegian coniferous forest soils. Pedobiologia*, **12**: 26-82

Aescht, E., Foissner, W. (1995) Microfauna. In: Schinner, F., Ohlinger, R., Kandeler, E., Margesin, R. (ed.), *Methods in Soil Biology*, 316-337. Springer, Berlin

André, H. M., Ducarme, X., Lebrun, P. (2002) Soil biodiversity: myth, reality or conning? *OIKOS*, **96**: 3-24

青木淳一（1977）小形節足動物研究法．（北沢右三 編）土壌動物生態研究法，95-152．共立出版，東京

青木淳一 編（2015）日本産土壌動物 第二版：分類のための図解検索．東海大学出版部，秦野

荒城雅昭（2014）熱殺法，固定および保存法．（水久保隆之，二井一禎）線虫学実験，4-6．京都大学学術出版会，京都

Coleman, D. C. (1999) Soil invertebrates. In: Robertson, G. P., Coleman, D. C., Bledsoe, C. S., Sollins, P. (ed.), *Standard soil methods for long-term ecological research*, 349-377. Oxford University Press, New York

Górny, M. (1993) Enchytraeidae. In: Gòrny, M., Grüm, L. (ed.), *Methods in Soil Zoology*, 217-224. Elsevier, Warszawa

橋本知義（2000）土の原生動物のはたらき．（日本土壌微生物学会 編）新・土の微生物（7）生態的にみた土の原生動物・藻類，55-91．博友社，東京

早津雅二（2013）MPN 法．（日本土壌微生物学会 編）土壌微生物実験法第 3 版，73-77．養賢堂，東京

ISO (2012) *Soil quality - Sampling of soil invertebrates Part 6: Guidance for the design of sampling programmes with soil invertebrates.* ISO 23611-6. Geneva, Switzerland

伊藤雅道（2007）湿性土壌動物．（日本土壌動物学会 編）土壌動物学への招待―採集からデータ解析まで―，40-42．東海大学出版会，秦野

Jopkiewicz, K., Sztrantowicz, H. (1993) Ptotozoa. In: Gòrny M, Grüm L (ed.), *Methods in Soil Zoology*, 142-155. Elsevier, Warszawa

皆川望（1997）線虫．（土壌環境分析法編集委員会 編）土壌環境分析法，164-167．博友社，東京

水久保隆之（2014）土壌試料の採集から試料の定量・分離まで．（水久保隆之・二井一禎）線虫学実験，180-183．京都大学学術出版会，京都

村瀬潤（2013）直接顕鏡法による繊毛虫の計数．（日本土壌微生物学会 編）土壌微生物実験法第 3 版，82．養賢堂，東京

中村好男（1988）土-水系における土壌小動物の計測 貧毛類と小型節足動物．（農業環境技術研究所 著）土・水研究会資料 **5**：86-104．農業環境技術研究所，つくば

中村好男（1997）ミミズ．（土壌環境分析法編集委員会 編）土壌環境分析法，170-172．博友社，東京

日本土壌微生物学会 編（2013）土壌微生物学実験法 第 3 版．養賢堂，東京

佐野善一（2014）土壌からの線虫分離法．（水久保隆之・二井一禎）線虫学実験，192-197．京都大学学術出版会，京都

島野智之（2009）畑土壌における原生生物および繊毛虫群集の新たな解析法―顕微鏡的手法と分子生物学的手法―．（日本土壌肥料学会 編）土壌の原生生物・線虫群集―その土壌生態系での役割―，69-92．博友社，東京

須藤光昭・伊藤雅道（2007）横浜市内の森林における双翅目，特にクロバネキノコバエ科の土壌からの羽化個体数．*Edaphologia*, 77: 11-14

Takemoto, S., Niwa, S., Okada, H. (2010) Effect of storage temperature on soil nematode community structures as revealed by PCR-DGGE. *Journal of Nematoloty*, **42**: 324-331

Taylor, J. (1962) The estimation of numbers of bacteria by ten-fold dilution series. *Journal of Applied Microbiology*, **25**: 54-61

浦嶋泰文 (2013) リン脂質脂肪酸 (Phospholipid fatty acid: PLFA) 測定法. (日本土壌微生物学会 編) 土壌微生物実験法第 3 版, 127-130. 養賢堂, 東京

Vestal, J. R., White, D. C. (1989) Lipid analysis in microbial ecology. *Bioscience*, **39**: 535-541

第6章 土壌生物の食物網と生態系機能解析

6.1 はじめに

土壌は単なる基盤ではなく，陸上植物の一次生産を支え，大気中の二酸化炭素を腐植として土壌に隔離し，雨水を受け止めて保持し，浄化している。このような機能を生態系機能と呼んでおり，土壌という環境内に含まれる微生物，土壌動物，植物の根の相互作用によって発揮，維持されている。さらに，土壌生物は有機物の分解と土壌への隔離を担うだけでなく地上部に生息する生物の餌となり，地上と地下をつないでいる植物とともに，物質循環の経路を形成している。一方で，土壌生物の多くは土壌内で完結した生活史や種間関係をもっている。土壌では主要な資源である根とデトリタスを出発点とする食物網のエネルギーチャンネルが見られ，地上部より多くのエネルギーが流れ物質が循環している。したがって，土壌は地上部と区別して，便宜的にひとまとまりのサブシステムとして取り扱うことが多い。本章では，土壌生物の食性や食う－食われるの関係から構成される食物網の調査法について説明し，食物網が発揮している機能を生態系の視点から評価する方法を解説する。

6.2 食性の解析

光合成を行う植物や化学合成細菌のような独立栄養生物は，無機物から有機物を合成している。一方，従属栄養生物は周囲の環境から取り込んだ有機物をエネルギー源として利用している。細菌や動物は従属栄養生物である。土壌動物は第1章で説明したように，さまざまな食性をもつが，何をどれくらい食べているかを実際に調べることは難しい。そこで，飼育や体の構成成分の分析などによる方法が開発されている。

土壌への主要な有機物供給経路は，根からの滲出物，落葉や生物の死骸，糞などのデトリタス（枯死有機物）である。枯死した有機物には重量にして1%前後の微生物が付着している。通常，枯死有機物と微生物を分離して扱うことは困難なので，デトリタスには付着している微生物を含んで取扱っている。

6.2.1　飼育による食性調査

体が小さく，土の中で生活をする土壌動物は何を食べているのだろうか。野外で餌を食べているところを直接観察することは難しいが，飼育が可能な場合は飼育することで観察や，実験室での簡単な餌選択試験によって動物が実際に何を食べているのかを確かめることができる。餌の選択試験は，トビムシやダニ，等脚類などで数多く行われてきた。土壌動物の多くは視覚を利用できないので，食物の探索には臭いや触覚が使われる。

餌と実験対象の動物を一つの容器に入れ，餌の摂食量を測定する。小型の動物の場合，摂食量が少ないので，容器内の餌と動物の位置を評価してデータにする。微生物食の場合，微生物を培養する培地によって選択性が変わることがある。寒天培地と滅菌した針葉樹の葉に同じ糸状菌を接種したところ，トビムシとササラダニによる選択順位が有意に異なっていた（図6.1）（Kaneko *et al*.,

図6.1　ササラダニやトビムシを使った餌の選択試験
空中湿度を保つためにガラス容器にろ紙を入れ，水分をそこに保持させている。

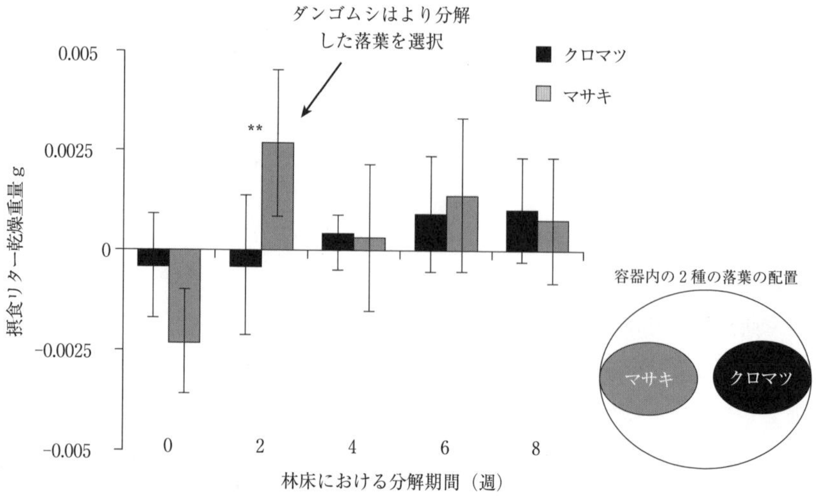

図6.2　オカダンゴムシによる分解段階の異なる落葉の餌選択性
マサキ（落葉時に緑色）とクロマツ（落葉時に褐色）を同じ期間，野外で分解させ，同時にオカダンゴムシに餌として与えたときの選択性（富樫，2004）。

1995)。したがって，実験目的に合った培地を用意する必要がある。また，容器では平面上に餌を離して置き，2次元に動物が移動するように設定しないと観察が難しいので，容器内の湿度や容器の底の素材に注意する。土壌中の空中湿度はほぼ飽和しているので，その状態を再現するために実験容器の底材に水を吸わせたり，水を入れた小さな容器をあらかじめ試験容器に入れたりして空中湿度を高く維持するなどの工夫が必要である。

デトリタスは分解過程の進行にともない餌としての質がつねに変化する。等脚類のような落葉食者にとっては，同じ落葉であっても，落ちてからの分解過程によって餌としての好みが変わる。落葉してから地面で分解を受けた時間の違いによって野外では雨水による溶脱の程度が違ったり，落葉上に成立する微生物相が違ったりする。そして，このような変化は落葉の化学組成や固さの違いを引き起こすので，動物による餌としての選択性は時間とともに変化する。オカダンゴムシに林床で0～8週間分解させたマサキとクロマツの落葉を餌として与えると，マサキの場合，落葉直後のまだ緑色している落葉より，2週間経過した落葉をよく摂食した（富樫，2004）（図6.2）。一方，クロマツは，6週間と8週間経過した落葉は摂食するが，それより若い落葉はほとんど摂食しなかった。落葉の分解が進行するにつれて，生葉時に植食者に対して防御していた可溶性成分が雨水によって溶脱され，微生物による分解が進行する。それにともない，含水率や固さが変化する。したがって，樹種によって葉の質の変化の経過が異なり，同じ樹種でも落下して分解がスタートしてからの時間によって質が異なるのでオカダンゴムシに好まれる時期が異なるのである。

ミミズは落葉を主に食べ，選択性があるように見えるが，土壌中の糸状菌に対しても選択性がある。Bonkowski *et al.* (2000) は，遠沈管に1種ずつ培地で培養した糸状菌を計9種入れ，ヨーロッパに広く分布する5種のミミズに選択させた (図6.3a)。その結果，生育の早い，植物病原性の種がより好まれ，生育の遅く腐生性の担子菌は好まれなかった。また，表層性のミミズは生育の早い菌を特に好むが，地中性のミミズは，幅広い餌利用を示した。このことは，ミミズが有機物を土壌で探索する際に有機物の分解初期に生育する糸状菌を手がかりとしていることを示唆している。ミミズのように体サイズが大きな土壌動物の場合，目視によって餌の消費速度を推定することができる (図6.3b) (Doube *et al.*, 1997)。ビデオカメラによる連続撮影やデジタルカメラによるインターバル撮影によって，飼育下において餌の選択性を評価することができる。

6.2.2 形態を用いる方法

土壌センチュウの種類は50万種いるといわれている (石橋，2003)。外部形態に特徴の少ない種が多く，種同定では，光学顕微鏡で唇部，口腔，内部器官などを観察することになる。種同定には熟練を要するため短期間で種のレベルで群集組成を評価することは難しい。土壌生態学的な観点からは，センチュウを食性で分けることができれば群集構造を大まかに捉えることができる。さらに科のレベルでセンチュウを分けることができれば，重金属や残留農薬などによる土壌汚染の生物影響を評価するために開発された成熟度指数などを用いて調査地を評価することができる (岡田，2014)。土壌に生息している種の大まかな食性は，肉食性 (carnivorous)，雑食性 (omnivorous)，細菌食性 (bacter-ivorous)，糸状菌食性 (frugivorous)，植物寄生性 (phytophagous) の5タイプ

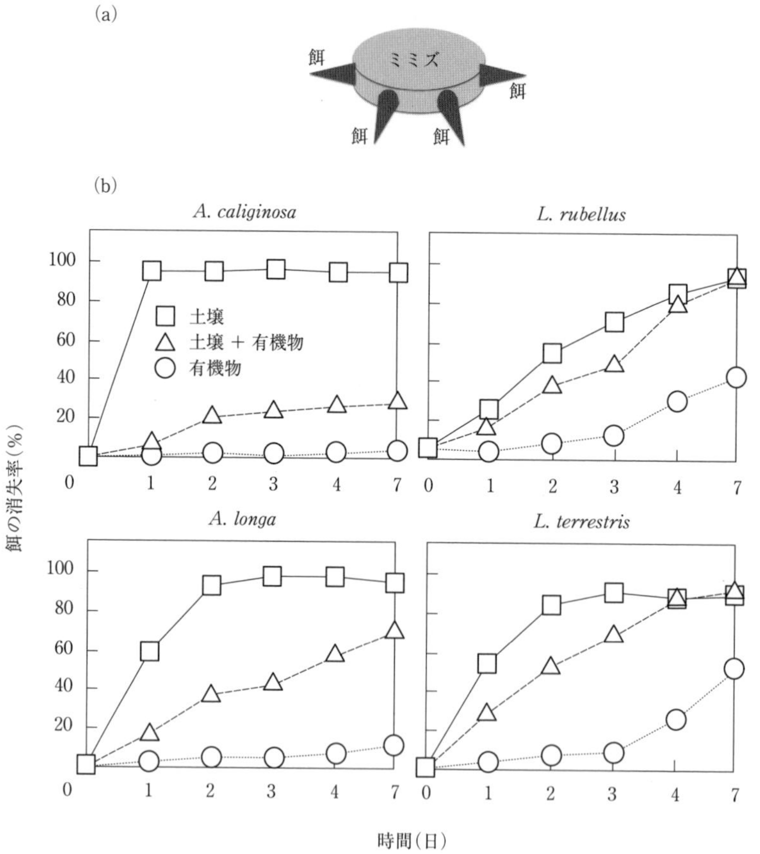

図 6.3　ミミズの有機物選択試験

(a) ミミズの入ったチャンバーに異なる糸状菌（餌）を育てた培地を入れ，ミミズがどの菌を食べるか観察するしくみ（Bonkowski *et al*., 2000）。(b) 土壌と落葉を餌としてツリミミズ科の4種のミミズに与えたときの餌の消費速度（Doube *et al*., 1997）。

に分けられる。その分け方は口の形で分けることができる（図 6.4a）（岡田，2002）。科のレベルまでは，『日本産土壌動物』の図解検索（宍田，2015）を用い同定できる。

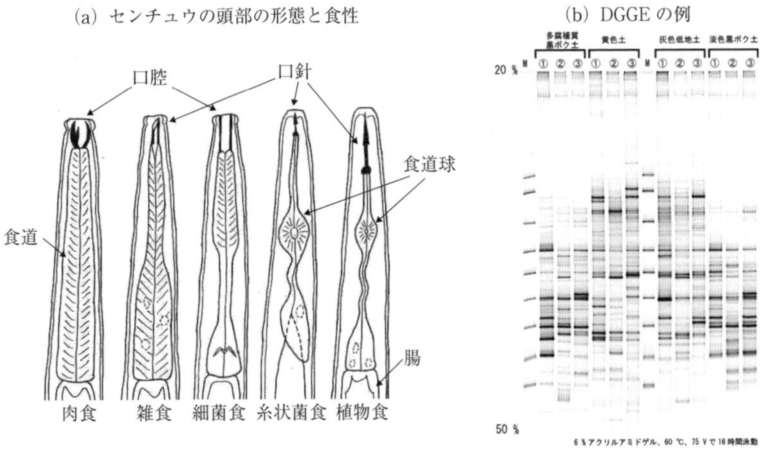

図 6.4　(a) センチュウの頭部の形態と食性（岡田原図，2002）(b) DGGE の例

6.2.3　遺伝子を用いる方法

前述したようにセンチュウは，口器を用いて科のレベルでも群集構造を捉えることができる。しかし，科のレベルでも同定にはある程度の熟練を要する。そこで，近年センチュウでは，大まかな群集の変化を PCR-DGGE 法を用いて評価する方法が開発されている。

これにより，薬剤や施肥などの影響がセンチュウ群集に及ぼす影響を大まかに捉えることができる。図 6.4（b）は，3 種類の土壌でセンチュウ群集が異なるか調べた例で，4 種類の土壌でセンチュウ群集を RCR-DGGE で調べた結果である。それぞれの土壌でバンドパターンが異なり，センチュウ群集が異なることを示している。本法は（国）農研機構農業環境変動研究センターによってマニュアルが公開されており，無料でダウンロードできるので実践する場合は参照してほしい[1)]。

餌に含まれる遺伝子をマーカーとし，消化管の中に残っている有機物の遺伝子組成を調べることで，餌となった生物を正確に知る方法も開発されている（Agusti *et al*., 2003）。ただし，餌として食べられたものがやがて消化されてし

1)　http://www.naro.affrc.go.jp/archive/niaes/project/edna/edna_jp/manual_nematode.pdf　2019 年 11 月 11 日確認。

まうと，遺伝子を検出できなくなる。そこで，あらかじめ飼育条件下で特定の餌を与え，その餌を指標する遺伝子が摂食後どれくらいの時間まで消化管から検出できるかを確認するとよい。

たとえば，地表性のクモ類は土壌動物であるトビムシを捕食しているが，Agusti *et al.* (2003) は，3種のトビムシのDNA COI領域をマーカーに用いて6種のサラグモ科のクモの消化管内容物から，どのトビムシがクモに食べられているかを調べた。その結果，トビムシの土壌における相対出現頻度よりも特定の種が多く検出され，地表性のクモが餌として特定のトビムシを選択的に食べていることが分かった。

6.2.4　安定同位体比を用いる方法

窒素と炭素の安定同位体比を用いて食物網関係を明らかにする研究は近年，土壌動物においても盛んに行われている（生態学フィールド調査法シリーズ6『安定同位体を用いた餌資源・食物網調査法』を参照）。土壌系では，C3植物とC4植物の炭素安定同位体比が大きく異なるので，調査地の主要な植物がC3であるか，C4であるかによってその植物起源の有機物を食べている生物の炭素の安定同位体比が大きく異なる。そのため，C3植物が長年植栽されてきた土壌にC4植物であるトウモロコシを植栽して土壌動物の炭素安定同位体比を調べると，トウモロコシ起源の有機物を利用しているか，トウモロコシ植栽以前のC3植物から供給された有機物を利用しているのかを区別することができる。

この方法の適用にあたってはまず，対象とする動物，およびその動物が食べていると考えられる餌の候補を網羅的に採集する。動物は同位体比に影響のない方法で標本を保存し，凍結乾燥する。節足動物の場合，容器に入れてしばらく飼育し，排糞させてから，保存する。ミミズのように消化管が大きな動物の場合は，消化管を除去して凍結乾燥する。環境試料も乾燥し，炭素・窒素安定同位体比と合わせて，炭素・窒素含有率を分析する。複数の餌を混合して食べていると予想される場合には，混合モデルに基づく解析を行う。

Uchida *et al.* (2004) は，北海道の苫小牧，神奈川県の真鶴半島，沖縄本島北部の森林でミミズと落葉，土壌の炭素・窒素安定同位体比を調べ，表層性のミ

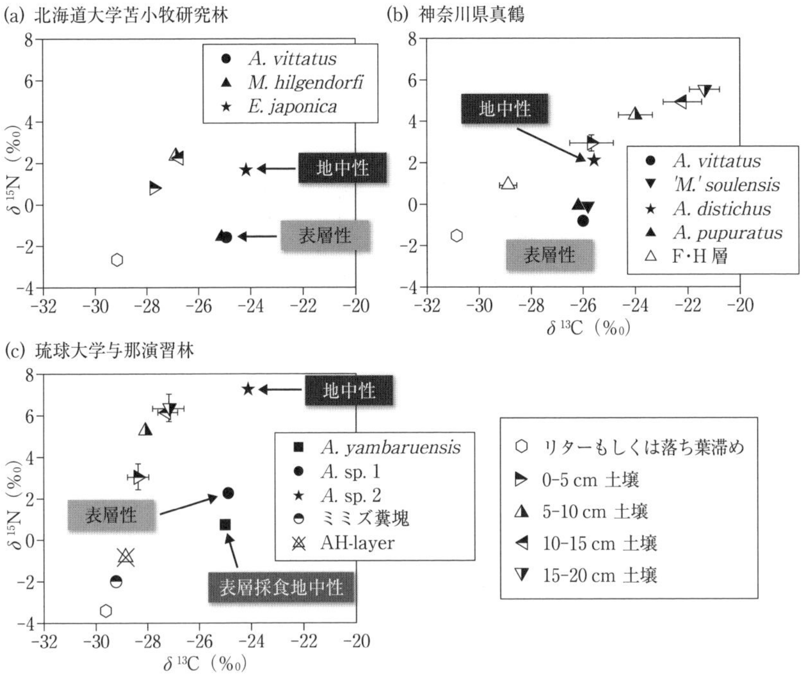

図 6.5　落葉，土壌とミミズの C, N 安定同位体比（Uchida *et al.* 2004）
落葉から，土壌の深い層にかけて同位体比は図の左下から右上へと変化する。

ミズが主に落葉を，地中性のミミズが土壌中のより分解が進行した有機物を利用していることを明らかにした（図 6.5）。また，沖縄でしか見つからなかった表層採食地中性種のヤンバルオオフトミミズ（*Amynthus yambaruensis*）は地中に坑道を掘って生活しているが，餌としては林床表面の新鮮な落葉を利用していることも示された。

さらに Hyodo *et al.*（2012）は ^{14}C の分析を組み合わせることで，ミミズやシロアリが光合成による同化からの年数が異なる有機物を食べており，動物の体は種ごとに異なる餌生物由来の異なる年齢の炭素をもつことを明らかにした（図 6.6）。

6.2.5　脂肪酸を用いる方法

土壌微生物の現存量を推定する方法として，リン脂質脂肪酸（PLFA）分析

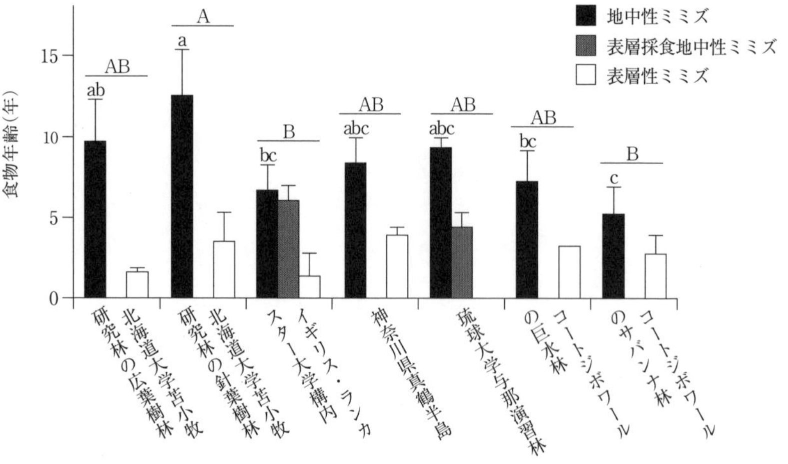

図6.6　ミミズの体の食物年齢（Hyodo *et al.* 2012）

北海道大学苫小牧研究林の広葉樹林と針葉樹林，イギリス・ランカスター大学構内，神奈川県真鶴半島，琉球大学与那演習林。そしてコートジボワールの巨水林とサバンナ林で採集されたミミズの体のΔ14C値から推定した食物年齢。バーの上の小文字は地中性ミミズの調査地間の比較において異なる記号は有意差があることを示す。大文字は1つの調査地内のすべてのタイプのミミズの調査地間の比較において異なる記号は有意差があることを示す。

がある（表6.1）。微生物の細胞膜を構成するPLFAは，糸状菌，細菌，原生生物といったグループによって異なり，細菌のなかでも一部の分類群で組成が異なるので，それぞれの生物の現存量の推定に用いられる。さらに，動物は食物として取り入れた脂肪酸を消化せずに吸収して中性脂肪として利用する場合がある。これはdietary routingと呼ばれている（Ruess and Chamberlain, 2010）。Tsunoda *et al.*（2017）は，広食性のドウガネブイブイ幼虫にオオバコやイヌムギの根，腐葉土，木くずを食べさせ，体の中性脂肪の構成を調べた（図6.7）。すると，腐葉土を食べさせた幼虫は細菌のマーカー脂肪酸をより多く含んでおり，脂肪酸の分析からその動物が根食と腐植食のどちらであるかを分けることに成功した。

6.3　食物網の構造

土壌動物の群集解析は，基本的にほかの生物群で使われている群集解析法を

表 6.1 リン脂質脂肪酸量からの微生物バイオマス量の推定

糸状菌類	細菌	
11.8 nmol＝1 mg C (Klamer and Bååth, 2004)	363.6 nmol＝1 mg C (Frostegard and Baath, 1996) ・バクテリア細菌平均体積（μm^{-3}） 0.2 (新編土壌微生物実験法，1992，p. 147)	
	・体積 → 重量 比重（$g\ cm^{-3}$） 1.09	・乾燥物率（%） 0.3 (Bakken and Olsen, 1983)
	比重（$g\ \mu m^{-3}$） 1.09E-12	
	平均個体重（g） 6.54E-14	
	平均個体重（kg） 6.54E-17	

利用できる。一方，群集構造と土壌動物がもつ機能を結びつけるモデルとして，有機物の分解速度や，窒素の無機化速度などが研究されてきた。そのためには，餌の選択性のほかに現存量，成長速度，摂食速度などのデータが必要である。

6.3.1 現存量の推定

人間活動や気候変動などが土壌動物群集や土壌生態系に及ぼす影響の評価や，気候帯毎の土壌生態系の違いを評価するためには，土壌生物の現存量（生物量）の変化やそれぞれの生物群の炭素量の変化を調べる必要がある。こういった研究では，各生物群の現存量や炭素量を調べることになる。

土壌動物の研究では，現存量は生物の乾燥重量や生重量などいくつかの表現方法があり，研究によって使い分けられている。したがって，まず用いる現存量の定義をしなければならない。

ダニ類やトビムシより大きい動物は，十分測定できる重量があることと，個体サイズで重量の変動が大きいことから直接測定可能な場合は測定した方がよい。小さい動物の場合，動物群ごとの現存量を評価するにはそれぞれの生物群の平均値を用いればよいであろう。北沢 (1977) は，4 つの分類群について平均的な重量を紹介している。いずれも乾燥重量で，ササラダニ 8.71 μg，その他の

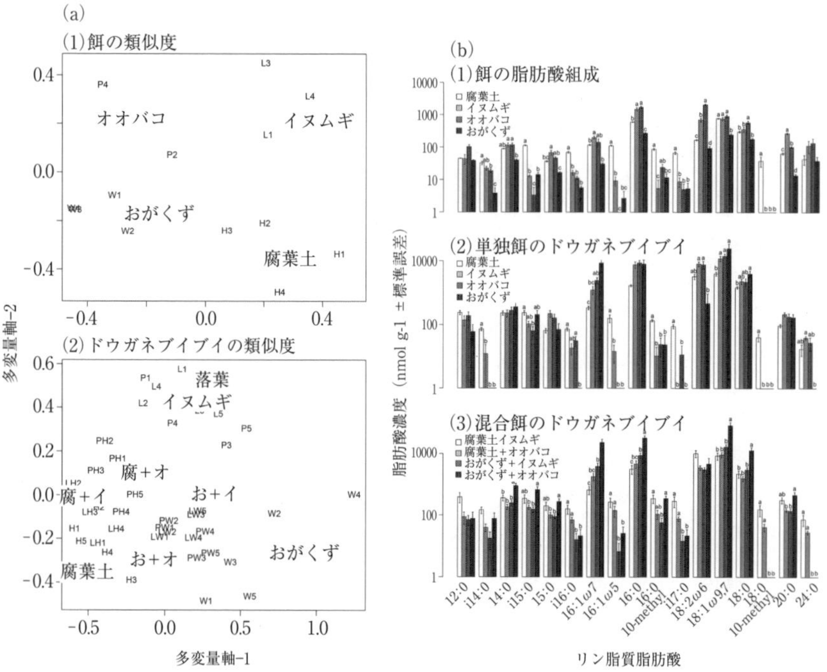

図6.7　ドウガネブイブイ幼虫と餌の脂肪酸組成（Tsunoda *et al.* 2017）

(a) 餌 (1) ドウガネブイブイの体 (2) のリン脂質脂肪酸組成を非計量多次元尺度法により比較したもの。図での位置が近いものほど組成が似ている。

(b) 餌 (1) と餌を変えたドウガネブイブイの体 (2) (3) のリン脂質脂肪酸組成。

ダニ 7.52 μg，トビムシ 4.86 μg，コムシ 230 μg であり，コムカデの湿重は 616 μg としている。Petersen and Luxton（1982）も主要な動物群の乾燥重量の中央値を紹介しているのでそれらの値も参考になるだろう（表 6.2）。

より詳細に現存量を推定する方法として，体長または体長と体幅から重量を推定する方法が用いられている。この手法はバクテリアからダニ，トビムシぐらいまでの生物で用いられている（表 6.3）。センチュウは Aescht and Foissner（1995）により，体長と最大体幅から重量を求める式が紹介されている。また，Tanaka（1970）はトビムシの体長と重量の関係式を紹介している。ヒメミミズは Abrahamsen（1973）によって体長と体積の関係および比重がまとめられている。ダニ，トビムシ，ミミズについての体長と重量の関係式は

表6.2 土壌動物の体重（Petersen and Luxton, 1982）

分類群		測定数	中央値 乾燥重量（μg）
センチュウ	Nematoda	46	0.05
ヒメミミズ	Enchytraeidae	61	32
トビムシ	Collembola	44	2.7
ササラダニ	Cryptostigmata	41	5.3
トゲダニ	Mesostigmata	24	7.7
ケダニ	Prostigmata	19	1
ダニ類	Acari	58	4.3
			乾燥重量（mg）
大型ミミズ	ムル型土壌に生息		52
	モル型土壌に生息		17
ヤスデ			14
ハエ幼虫			0.7
等脚目			0.6
ムカデ			1.9
ハネカクシとコウチュウ			0.9
クモ			0.8
腹足綱			8
アリ			0.5

Zyromska-Rudzka（1993）によってもまとめられている。彼らはそれぞれ数種数属の関係式を示しているが，実際には，種によって体長と重量の関係式は異なる。研究で用いている種が過去に調べられていない場合，対象種と近い種の式を用いることでおおよその重量を推定することができる。

土壌生態系の炭素循環を推定する場合，土壌生物に含まれる炭素量を求め，土壌中に供給された有機物の炭素，一次生産により植物に同化された炭素，土壌中の炭素がどの程度微生物や土壌動物に貯留されているか，あるいは呼吸によって CO_2 として，どの程度消失しているかを評価する。炭素単位の生物と土壌の動態の把握は，有機態炭素，温度や水分などの環境条件，種や種数に応じて，土壌生態系の炭素の流れが，どのように変動しているかを解析するために不可欠である。ただし多くの研究では，微生物や小型節足動物程度の小さな生物では，実際に生物の炭素量を測定することなく前述した方法による推定値や過去の研究結果が用いられている。

土壌動物の炭素量は実際に測定するか，すでに推定された数値が示されている文献から推定する。ミミズやヤスデのように動物が大きければ，動物を乾燥

表6.3　土壌動物の体重の推定式

動物	推定式	備考	出典
ササラダニ類	$Yd=156.33x-1.31$		
トゲダニ類	$Yd=150.25x-2.32$	Yd は乾燥重量（μg），*x* は胴と頭部の最大幅の積（mm^2）	Żyromska-Rudzka H.（1993）
ケダニ類	$Yd=19.26x-0.04$		
トビムシ			
Hypogastrura cf. *manugrialis*	$\log Yd=2.55\log x+0.99$		
Folsomia candida	$\log Yd=2.99\log x+0.81$		Tanaka（1970）
Deroria trispinata	$\log Yd=3.28\log x+0.75$		
Isotominella minir	$\log Yd=2.881\log x+0.796$		
幼体	$\log Yd=2.439\log x+0.662$		
Onychiurus armatus	$\log Yd=2.769\log x+0.748$	Yd は乾燥重量（μg），*x* は長さ（mm）	
幼体	$\log Yd=2.532\log x+0.746$		Żyromska-Rudzka H.（1993）
Sinella curviseta	$\log Yw=2.600\log x+1.590$		
Sminthurinus aureus	$\log Yd=3.627\log x+2.079$		
Tomocerus flavescens	$\log Yd=2.744\log x+0.964$		
Tullbergia krausbaueeri	$\log Yd=2.502\log x+0.504$		
センチュウ	$Yw=W^2x/16\cdot10^5$	Yw は湿重量（μg），W は最大体幅（μm），*x* は長さ（μm）	Aescht and Foissner,（1995）

させて重さを量り粉砕し個体の炭素量を測定すればよい。しかし，ダニやトビムシのように1個体が小さい場合，予備試験で測定可能な個体数を集め1個体あたりの炭素量を推定するか，過去の研究例の規定式で代表的な値を用いるかどちらかになる。いずれにしても換算式が必要になるが，この場合，体積から重量に換算するための比重，湿重から乾燥重量に換算するための含水率，乾燥重量から炭素量に換算するための炭素含量の値も必要になる。

土壌生物の食物網を解析した Hunt *et al.*（1987）や Bezemer *et al.*（2010）では土壌生物の炭素濃度を乾燥重量の 50% と仮定して計算している。また，Berg *et al.*（2001）は，これまでの研究例を引用し，単位乾燥重量あたりダニを 47.7%，トビムシは 47.5%，クモは 50.6% の炭素量として計算している。個体あたりの炭素量はおおよそ乾燥重量の 45〜50% のため，乾燥重量の 50% と仮定しても大きな問題はないだろう。

6.3.2　窒素無機化モデル

土壌生物群集はきわめて多様な種から構成されているが，おおまかな機能群や分類群にまとめることで食物網構造を記述し（図 6.8a），それにもとづいて食う-食われるの関係によって窒素がどれくらい無機化されるかを推定することができる。Hunt *et al.*（1987）は，アメリカのプレーリー土壌の食物網と，摂食による無機化を推定する式を用いて，窒素無機化モデルを構築した（図

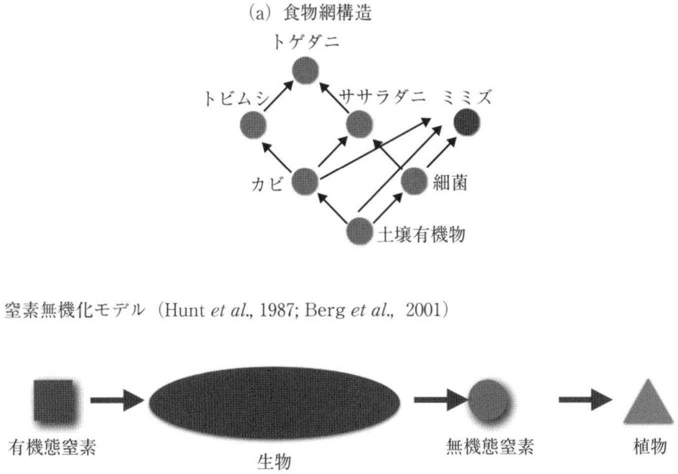

$N_{min} = a \text{ x } (1/CN_{food} - p/CN_{body})$

a：同化効率，p：生産効率，CN_{food}：餌の C/N，CN_{body}：体の C/N を使って土壌での窒素無機化量を推定。

図 6.8　C/N と摂食量に基づく食物網窒素モデル（Hunt *et al.* 1987）
（a）の食物網構造があるとき，生物の体の C/N と同化効率，生産効率（同化した資源から体を作る効率）とを用い，摂食によって排泄させる無機態窒素の量を推定する。

6.8b)。まず，栄養段階最上位の動物が1年間に食べる量を，個体群密度と摂食量から推定する。餌が複数の場合は，現在の餌の相対優占度に比例して摂食すると仮定し，食べられたと推定する個体数が生息していたと考える。そうすると，これらの生物が餌としていた下位の栄養段階の動物について次に推定することができる。このように上位から下位を推定し，最終的には微生物が腐植をどれくらい消費したかを推定する。

腐植，微生物，動物はC/Nが異なるので，自分の体よりもC/Nが低い餌を食べて，自分の体を作ると窒素が余剰となって排泄される。腐植のようにC/Nが高いものを微生物が利用する時には窒素が不足している。したがって，「分解者」といわれる微生物と有機物（ここでは腐植）からなる系からは，窒素が排泄されない。これを窒素の不動化（immobilization）と呼んでいる。

Berg *et al.*,（2001）がオランダのマツ林で得られた土壌生物のデータから計算した例（図6.9）では，動物による窒素無機化はこの土壌で観測された無機化量の80%を占めていた。また，彼らは同時に炭素の無機化（土壌呼吸）を調べ，土壌動物の炭素無機化に対する寄与率は15～20%であり，窒素に比べて寄与率が低いことを示している。

6.4　操作実験

土壌には多数の栄養段階の多様な土壌動物や微生物が生息しており，これらの生物は食う-食われる，競争，共生関係にあることから，食物網は非常に複雑である。このことは土壌生態系が魅力ある研究対象であると同時に生態系機能の解明を難しくしている要因である。個々の生物の役割や生物間の関係を明らかにするには，環境や生物種などを個々に制御できる操作実験が有効である。

操作実験は大きく2つの方向性がある。一つは野外観察や理論から得られた仮説を検証する実験で，現在起こっている現象を把握する研究である。もう一つは将来予測で対象とする生物の侵入や気候変動といった環境要因の変化が生態系に及ぼす影響を評価する研究である。加温や栄養塩の負荷を行う実験では，将来起こる地球温暖化や環境の富栄養化によって生態系がどのように変化するかの予測が可能である。しかし，たとえば，ミミズを用いて鉱質土層でのミミズの団粒形成機能を評価する実験を堆肥や有機物の厚く堆積した中にしか生息できないミミズを用いて行った場合，実験的には結果が得られても野外では起こりえないので現実的ではない。

土壌の操作実験の場合，土壌環境の安定性を強く意識する必要がある。たとえば，評価パラメータとして土壌炭素濃度の変化を調べようとしても，有機物の供給や分解に比べて土壌中の炭素量はきわめて多いので，短期間で土壌炭素

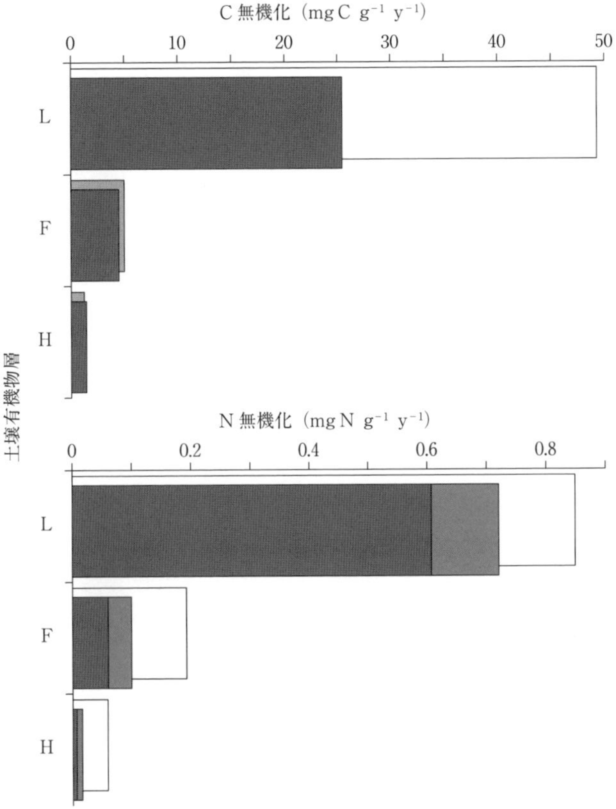

図 6.9　オランダのマツ林におけるモデルと実測の比較による炭素，窒素無機化量（Berg *et al.* 2001）

実際に得られた食物網構造から計算した炭素，窒素の無機化速度と，現地で測定された無機化速度（白抜き）を比較している。窒素の薄いバーはバクテリアによる不動化を無視して計算した場合の値。

濃度は変化しない。したがって，実験内容に応じた実験期間や空間スケールを熟慮する必要がある。

6.4.1　リターバッグ実験

落葉の分解速度を測定するため，リターバック実験はさまざまな生態系で行われてきた。リターは基本的に袋状の網に入れて，地表や地中に設置する（図6.10）。リターバックのメッシュサイズ（網目の開口部の大きさ）を変えることで，落葉を利用できる野外の土壌動物のサイズを操作することができるので，動物のサイズごとに分解へ及ぼす影響を評価することができる。

・バッグの形状

リターバッグのサイズは，10 cm 四方から 30 cm 四方程度のサイズがよく使用される（図6.10）。樹木のように葉が1枚ずつ落下する植物を対象とする場合，葉の大きさより大きな袋を用意する。また，イネ科草本のように1m 以上の長さになる植物を対象とする場合には，葉を一定の長さに切断する。

また，袋状のバッグでは，バッグが強く落葉を圧密し，自然の落葉堆積の厚さと空間を再現していない場合がある。箱状の容器（リターボックス）を林床に置くことで，堆積の厚さ，空間を再現できる。塩化ビニル製の円筒を高さ1～3 cm 程度に切断し，開口部の上下にネットを張ることで，落葉の圧密を防

図6.10　リターバッグの設置例
バッグは 10×10 cm。右図では落葉が円形にくりぬかれている。 →口絵8

ぐことができる。円筒の側面に開口部を設け，側面にメッシュサイズの異なるネットを張り動物の出入りを側方に限定することもできる。

・バッグの素材

ナイロンやポリエステル，塩化ビニル製などの耐久性のあるものを用いる。熱帯林のようにシロアリの活動が活発で，これらの素材を容易に破って侵入する恐れがある場所では，ステンレス製のネットを用いるとよい。また，メッシュサイズの大きな容器を作るには，ビニール被覆の金属ネット（亀甲ネット）が利用できる。

・メッシュサイズ

リターバッグ試験の利点として，分解に関わる土壌動物のサイズをコントロールできる点が挙げられる。第1章で見たように，土壌動物の機能群と体幅には一定のサイズがあり，2 mm より小さなメッシュを用いることで，大型土壌動物の成体の侵入を防ぐことができる。同様に 0.1 mm より小さなメッシュでは，多くの中型土壌動物の侵入を防ぐことができる。

大きなメッシュサイズを使う場合には，メッシュから細片化された落葉がバッグ外へ移動する恐れがある。対策としては，リターバックを設置した底面には小さなメッシュの網を張り，側面や上面に動物が侵入可能なメッシュを取り付ける（リターボックスの方法）ことで，落葉の移動を防ぐことができる。

・落葉の規格化

樹木の葉のなかには葉柄が丈夫で，落葉の重量の多くを占めるものがある。このような場合，葉の葉身と葉柄の重量比がすべての葉で同じならよいが，そうでない場合，葉身が分解しても葉柄が残ると分解率が葉柄の重量によって大きく左右される。葉身の分解率だけ知りたい場合は，コルクボーラーで葉身をくりぬき，同じ大きさ，形にして利用する（図 6.10 右）。

リターバッグを用いたいくつかの研究例を表 6.4 にまとめた。これら研究は中に入れる落葉の種類や質を操作することで，分解者の反応を検出しようとしたものである。樹種ごとの分解率の違いを求めることは，林分レベルでの物質循環の比較に欠かせない研究である。

また，さまざまな場所に標準的な葉などを置いて分解速度を比較する研究も

表6.4　リターバッグなどを用いたさまざまな分解研究

		操作	出典
内容物			
	落葉	樹種の比較	
		同じ種で栄養塩含有率の比較	
	混合リター	異なる種で質の異なるものの組み合わせ	Gartner and Cardon (2004)
	根	落葉と比較	Fujii *et al.* (2015)
	木質材料	枝	
		木片	
		丸太	
	標準物質	セルロースフィルター	モニタリングサイト1000マニュアル
		ティーバッグ	Keuskamp *et al.* (2013)
スケール			
	地形	谷と尾根	Osono and Takeda (2004)
	標高		Fujii *et al.* (2017)
	大陸		Moore *et al.* (2001)
	グローバル	牧草を世界中に設置	Wall *et al.* (2008)
		陸上と水界を網羅	Gessner *et al.* (2010)

ある。これらの研究では地形による微環境の違いによる局所スケールの環境要因の影響（Osono and Takeda, 2005），大陸やグローバルレベルの気候の違いを明らかにしている。（Moore *et al.*, 2001; Wall *et al.*, 2008）。簡便に分解ポテンシャルを評価する方法として飲用の緑茶と紅茶の2種類のティーバッグを用いた研究もある（Keuskamp *et al.*, 2013）。

6.4.2　マイクロコズムおよびメソコズム

マイクロコズムとは，半閉鎖容器に入った小さな実験生態系であり，環境や生物種を操作が可能な単純な実験系であるため反復が行いやすく，土壌生態系における土壌動物の機能を明らかにするために有効な研究の手段である（Beyers and Odum, 1993; 金子 他，2005）。土壌生態系研究にマイクロコズムがしばしば用いられてきた理由として，以下の点が挙げられる（1）土壌には多数の動物が生息しているため，個々の動物の役割を知るにはその動物および動物群のみを扱う必要がある。マイクロコズムでは環境に加えて生物種を操作することでそれが可能である。(2) 多くの土壌動物はサイズが小さい（体幅2 mm以下）ため，比較的小さいシステムでも実験が行える。(3) 実験にかかる費用を抑えることができ，また，実験の繰り返しを多数行うことが可能である

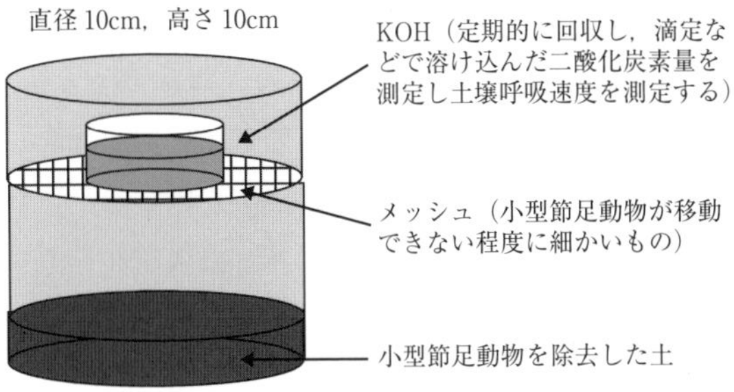

図 6.11 トビムシの密度操作を行ったマイクロコズム
kaneda and kaneko（2008）で用いたマイクロコズム。

(Bruckner *et al.*, 1995)。ただし，マイクロコズムは自然環境を切り取って行う実験手法であるため，得られた結果が実際に野外を反映しているかどうかは慎重な検討を要する。実際には，野外データとの照らし合わせや環境が与える影響などの組み合わせを変えて実験を繰りかえすなどにより把握していかなければならない（Verhoef, 1996)。マイクロコズムと野外を結ぶ実験系として，野外エンクロージャーや室内環境制御実験系などもある。

マイクロコズムとメソコズムの区別に明確な基準はなく，実験系のサイズによって使い分けられている。マイクロコズムのサイズは，シャーレや 50 mL のビンで行うものから図 6.11 に示したような直径 10 cm，高さ数十センチメートル程度の円筒までのものが多く，メソコズムは直径数十センチメートルのものから一辺が数メートルのものまである。マイクロコズムでは，動物間の競争，土壌環境（水分や有機物量など）が動物の成長に与える影響，動物の餌選択性，動物が微生物に与える影響や物質循環に与える影響といった課題を調べることができる。一方，メソコズムではサイズが大きいため，実験系が複雑であったり，温室や野外で行われたりすることが多い。マイクロコズムの実験期間は数日から 1 年程度，繰り返しは 4～15 回程度行われている。メソコズムは数ヵ月から数年に及び，労力や空間的な制約から，繰り返しは 4～6 回で行われる場合が多い。

マイクロコズムではシャーレを用いた数種のみが存在する単純な系から，複雑な土壌構造で多種多様な小型節足動物が生息する複雑な実験系まで含まれている。単純な系の例では，摂餌選択実験や飼育実験などがある。たとえば Kaneda and Kaneko（2004）は，グルコースを土壌に添加することで土壌微生物の活性を高め，オオフォルソムトビムシの成長を測定した。その結果，トビムシの餌ではないグルコースを加えることで添加量に比例してトビムシの成長が促進されることを示した。

図 6.11 に一例として窒素や炭素の無機化に与えるトビムシの影響を調べたマイクロコズムを示す（Kaneda and Kaneko, 2008）。土壌には多数の動物が生息している。そこでこの実験では土壌を一度凍結させて殺虫し，土壌を融解後マイクロコズムに一定量入れた。この容器に 4 段階の異なる個体数密度でトビムシを投入し，一定期間土壌を培養することで実験を行った。この実験では，土壌微生物呼吸速度，窒素無機化速度などを測定し，トビムシの生息密度が増加に伴い，増加することを示した。

複雑な系での研究として Setälä（1995）による実験が挙げられる。彼は中型土壌動物（ヒメミミズ，ダニ類とトビムシ）が土壌微生物や植物の成長に与える影響を調べるために，人工的に土壌の層構造を作り，そこにカバノキ科の実生を植えた実験を行った。この実験では実生に菌根菌を接種することで自然条件に近づけている。その結果，中型土壌動物を投入した処理で，植物の成長を促進させることが示された（Setälä, 1995）。

メソコズム実験として Kandler *et al.*（1999）は，森林土壌を 25 cm 四方深さ 22 cm で切り取り，その土壌をドライアイスで殺虫を行った後，メッシュの大きさの異なる布（35 μm，1 mm）で土壌を被い，元の場所に埋め戻した。異なるメッシュで被うのは，メッシュサイズにより実験土壌に侵入できる動物を制限するためである。35 μm のメッシュにはダニやトビムシといった小型節足動物は土壌に侵入できず，1 mm のメッシュにはミミズや大型の節足動物は土壌に侵入できない。この実験の特徴は森林土壌の層構造を崩さずに，ガス交換，水分の移動や動物の移動を可能にしている点である。これにより自然に近い条件の実験を可能にした。こうした緻密な処理により，小型節足動物群集が腐植層において微生物量や植物に利用可能なリンの量を増加させることをこの実験は示した。

6.4.3　室内環境制御実験系

室内環境を制御できる実験室は，作物の栽培試験などに多く利用されてきた。このような装置では，室内に植木鉢が置かれ，照度，温度，湿度などが制御される。イギリスにあるエコトロンは，一つの制御室が 2 m 四方で，内部の 1 m^2 に土壌が入れられている。ここでは生物の種数を変えたり，空気中の二酸化炭素の濃度を変えたりすることで生態系の反応を調べている（Lawton, 1996）。この実験系はシステムの規模がある程度大きく，日照時間，温度，湿度，降雨量，二酸化炭素濃度などを操作できるため，地球環境の複合的な変化を取り入れることができる点で優れている。また，横浜国立大学のアーストロンは，直径 20 cm の円筒が 60 個設置できる（図 6.12）（Kamitani and Kaneko, 2006）。この装置では，気温と土壌温度が別々に制御でき，植木鉢を実験室の棚に置いて用いた際に生じる土壌温度の上昇を抑えることができる。また，換気の風速を抑えることで植物の生長に配慮されており，空中湿度制御により土壌からの水分蒸散を通常の恒温器よりも低く抑えている。2 つの温度設定で，温暖化影響が分解者（ヤスデ）の反応を通して土壌や植物にどのように影響するかについての研究に使われた（Makoto *et al.*, 2014）。

図 6.12　横浜国立大学のアーストロン（環境制御実験室）

6.4.4　エンクロージャー

エンクロージャーとは，数十センチメートルから数メートル四方を囲い込み対象動物を除去または付加する以外は自然条件で行う実験系のことである。実験期間は数カ月から数年で，一つの処理区につき繰り返し数は4基程度である。Domínguez *et al.* (2004) は農業生態系においてミミズが窒素の溶脱に影響を与えているかどうかを野外のエンクロージャーを用いて調べている。彼らが用いたエンクロージャーは4.5 m 四方で，ミミズを電気ショックで減少させる区と周囲の土壌からミミズを採集し，エンクロージャー内に付加する区を作っている。ミミズ以外の動物にはこの電気ショックの影響はないことがほかの研究で示されていることから，この実験ではミミズのみの影響を把握していることになる。この実験の結果，ミミズ群集は窒素の溶脱を増加させることが示された。これらの研究のほか，表層生息性のミミズがミズナラ，林床植物，土壌の理化学性や土壌生物に与える影響が大規模なエンクロージャー実験により調べられている（図 6.13）（Kawaguchi *et al.*, 2011）。

6.4.5　野外での大規模環境制御実験

地下部の操作実験は，地上部の操作と組み合わせて行われることが多い。土

図 6.13　森林におけるエンクロージャー実験

（左）北海道大学苫小牧研究林におけるミミズ操作実験。（右）筑波大学八ヶ岳演習林におけるキシャヤスデ操作実験。いずれも大型土壌動物が移動できないように板を地面に差込み，密度を操作した。

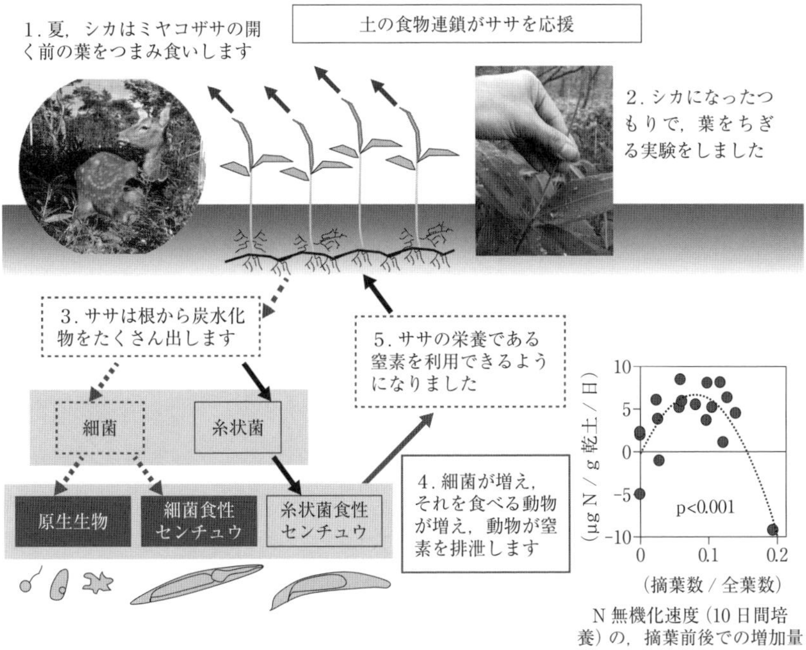

図 6.14　森林における植物-土壌相互作用の研究例（Niwa *et al.* 2008）
ミヤコザサの新鞘を人為的に除去し，除去の強度に応じて土壌微生物，センチュウ，溶存炭素，無機態窒素濃度の変化を調べた。

壌へのインプットを操作するものとして，降水の制御（Salamanca *et al.*, 2003），施肥，二酸化炭素負荷などが行われる。また，森林で立木の樹皮を剝ぐことで，光合成生産物の土壌への移動を制限する実験が行われたこともある（Högberg *et al.*, 2001）。

規模は大きくないが，野外で植物を操作することにより，土壌中の食物網が駆動される様子を明らかにした研究例を紹介する。Niwa *et al.*（2008）は，初夏に展葉中のミヤコザサの葉を摘み取ることで，シカによるササの摂食の効果を調べた（図 6.14）。ミヤコザサは摘葉されることで根からの滲出物の量を増加させ，その結果，根圏の細菌が増加し，細菌食センチュウが増加していた。センチュウの増加を反映して，無機態窒素量が増加していた。この窒素は，葉が減少したササの再度の生長を即すと考えられる。

6.5　野外における生態系の機能評価

陸上生態系において，土壌は非常に不均一性の高い環境である。地上部から供給される有機物は徐々に分解されるため，ほとんどの土壌では表層の有機物濃度が最も高く，未分解の有機物が堆積している。その下の層には分解されやすい有機物が分解された後に残った有機物と無機鉱物が混合した層が見られる。有機物は土壌生物の餌資源となるため，このような土壌における有機物濃度の鉛直的な傾度や不均一さは，土壌生物の種数および生息数の主な制御要因となっている。土壌表層に多くの有機物が残存するのか，土壌の下層にどのくらいの未分解有機物が滞留しているのか，といった土壌における有機物貯留のパターンは，地上部から供給されるリターなどの量および分解速度に依存する。したがって，土壌生物の生態系機能を評価する上で，(1) 有機物濃度の深さ方向へのばらつき，(2) 地上部からの有機物遺体の供給量，(3) 有機物遺体の分解速度，を把握することが重要である。

地表から地下部へと掘り進めると，有機物濃度の深さ方向へのばらつきが把握できる。一方，土壌有機物の水平的な不均一性は植物の生育状況や地形をみることでも推測できる。しかしながら，同じような植生や地形，たとえば単一の樹種だけが植栽された人工林で平坦な地形であっても，土壌生物が生息する林床環境は水平的に不均一である。この不均一性は数十メートル離れた場所だけでなく，1 m 程の局所スケールにおいても観察され，隣り合う 1 m 区画の間において土壌環境や土壌生物の生息数がまったく異なることも少なくない。なぜなら，地上部から供給される有機物遺体には，小さな落葉から大きな枝までさまざまであり，その大小の組み合わせが落葉堆積層や土壌表層の物理的な構造，水分の保持，有機物の化学組成を左右し，植物遺体の分解速度が変化する。これにより水平方向での有機物の分布を不均一にしているのである。

6.6　土壌生態系の操作

操作実験では，野外では観測できない将来の生態系の様子や，環境条件の変動に対する生態系の反応を知ることができる。

土壌生態系を構成する生物の多様性は操作実験で制御できる。ポットに土を入れ，分解者である微生物や土壌動物を入れる系と，滅菌により微生物や動物を入れない系の比較，栄養段階を増やして，微生物や土壌動物の捕食者を加えた場合の群集応答の解析，さらに，植物-微生物-土壌動物を一部または一緒にいれることで，生産者と分解者の相互作用が物質循環や植物生育促進への役割の解析，さらに，植食者を入れて，地上部と地下部でそれぞれ従属栄養生物が植物を介してどのような相互作用を及ぼしているか，という解析もあろう。

Thakur and Eisenhauer（2015）は，捕食者がトビムシに与えるトップダウン効果を，マイクロコズムで捕食者の密度と植物の種数を操作して調べ，植物がより多様な場合に捕食者のトップダウン効果が強くなることを明らかにしている。

操作実験系で今後発展させる課題は，大きく分けて2つあるだろう。一つは個体群動態を示すパラメータ（増加や死亡率など）や餌の嗜好性のデータ蓄積，もう一つは生物間の物質の動きの解明である。Moore *et al.*（1996）は，マイクロコズム実験，野外研究，数理モデルを組み合わせることで土壌生態系の研究はさらに進展していくと考えている。地域，地球レベルでの生態系のモデリングのパラメータ（動物の増加率や死亡率，消化効率，餌および餌の嗜好性，生物間相互作用が物質循環に与える影響など）を得るためにも操作実験は不可欠である。

引用文献

Abrahamsen, G.（1973）Studies on body-volume, body-surface area, density and live weight of Enchytraeidae（Oligochaeta）. *Pedobiologia*, **13**: 6-15

Aescht, E., Foissner, W.（1995）Microfauna. In: Schinner, F., Ohlinger, R., Kandeler, E., Margesin, R.（ed.）, *Methods in Soil Biology*, 316-337. Springer, Berlin

Agusti, N., Shayler, S. P., Harwood, J. D. *et al.*（2003）Collembola as alternative prey sustaining spiders in arable ecosystems: prey detection within predators using molecular markers. *Molecular Ecology*, **12**: 3467-3475

Bakken, L. R., Olsen, R. A.（1983）Buoyant Densities and Dry-Matter Contents of Microorganisms: Conversion of a Measured Biovolume into Biomass. *American Society for Microbiology*, **45**: 1188-1195

Berg, M., de Ruiter, P., Didden, W. *et al.*（2001）Community, food web, decomposition and nitrogen mineralization in a stratified Scots pine forest soil. *OIKOS*, **94**: 130-142

Beyers, R. J., Odum, H. T.（1993）*Ecolgical Microcosms*. Springer-Verlag, New York, p. 557

Bezemer, T. M., Fountain, M. T., Barea, J. M. *et al.*（2010）Divergent composition but similar function of soil food webs of individual plants: Plant species and community effects. *Ecology*, **91**: 3027–3036

Bonkowski, M., Griffiths, B. S., Ritz, K.（2000）Food preferences of earthworms for soil fungi. *Pedobiologia*, **44**: 666–676

Bruckner, A., Wright, J., Kampichler, C. *et al.*（1995）A method of preparing mesocosms for assessing complex biotic processes in soils. *Biology and Fertility of Soils*, **19**: 257–262

Domínguez, J., Bohlen, P. J., Parmelee RW（2004）Earthworms increase nitrogen leaching to greater soil depths in row crop agroecosystems. *Ecosystems*, **7**: 672–685

Doube, B. M., Schmidt, O., Killham, K., Correll, R.（1997）Influence of mineral soil on the palatability of organic matter for lumbricid earthworms: A simple food preference study. *Soil Biology and Biochemistry*, **29**: 569–575

Frostegård, A., Bååth, E.（1996）The use of phospholipid fatty acid analysis to estimate bacterial and fungal biomass in soil. *Biology and Fertility of Soils*, **22**: 59–65

Högberg, P., Nordgren, A., Buchmann, N. *et al.*（2001）Large-scale forest girdling shows that current photosynthesis drives soil respiration. *Nature*, **411**: 789

Hunt, H. W., Clomena, D. C., Ingham, E. R. *et al.*（1987）The detrital food web in a shortgrass prairie. *Biology and Fertility of Soils*, **3**: 57–68

Hyodo, F., Uchida, T., Kaneko, N., Tayasu, I.（2012）Use of radiocarbon to estimate diet ages of earthworms across different climate regions. *Applied Soil Ecology*, **62**: 178–183

石橋信義（2003）土壌の線虫．（石橋信義 編）線虫の生物学，84–93．東京大学出版会，東京

Kamitani, T., Kaneko, N.（2006）The Earthtron facility for below-ground manipulation study. *Ecological Research*, **21**: 483–487

Kandler, E., Kampichler, C., Joergensen, R. G., Molter, K.（1999）Effects of mesofauna in a spruce forest on soil microbial communities and N cycling in field mesocosms. *Soil Biology and Biochemistry*, **31**: 1783–1792

Kaneda, S., Kaneko, N.（2004）Growth of the collembolan *Folsomia candida* Willem in soil supplemented with glucose. *Pedobiologia*, **48**: 165–170

Kaneda, S., Kaneko, N.（2008）Collembolans feeding on soil affect carbon and nitrogen mineralization by their influence on microbial and nematode activities. *Biology and Fertility of Soils*, **44**: 435–442

Kaneko, N., McLean, M. A., Parkinson, D.（1995）Grazing preference of Onychiurus subtenuis（Collembola）and Oppiella nova（Oribatei）for fungal species inoculated on pine needles. *Pedobiologia*, **39**: 538–546

金子信博・金田哲 他（2005）土壌生態系研究におけるマイクロコズム手法．*Edaphologia*, **78**: 19–30

Kawaguchi, T., Iwashima, N., Masunaga, T. *et al.*（2011）The role of epigeic Japanese earthworms（Megascolecidae）in soil nutrient cycling and aggregation in a deciduous oak forest soil: A long-term field experiment. *Edaphologia*, **88**: 19–30

Keuskamp, J. A., Dingemans BJJ, Lehtinen T *et al.*（2013）Tea Bag Index: A novel approach to collect uniform decomposition data across ecosystems. *Methods Ecol Evol*,4: 1070–1075

Klamer, M. M., Bååth, E.（2004）Estimation of conversion factors for fungal biomass determination in compost using ergosterol and PLFA 18: 2ω6, 9. *Soil Biology and Biochemistry*, **36**: 57–65

北沢右三（1977）土壌動物群集の総合的研究法．（北沢右三 編）土壌動物生態研究法，203–215．共立出版，東京

Lawton, J. H.（1996）The Ecotron Facility at Silwood Park: The Value of “Big Bottle” Experiments. *Ecology*, **77**: 665–669

Makoto, K., Arai, M., Kaneko, N. *et al.*（2014）Change the menu? Species-dependent feeding responses of millipedes to climate warming and the consequences for plant–soil nitrogen dynamics. *Soil Biology and Biochemistry*, **72**: 19–25

Moore, J. C., de Ruiter, P. C., Hunt, H. W. *et al.* (1996) Microcosms and soil ecology: critical linkages between field studies and modelling food webs. *Ecology*, **77**: 694–705

Moore, T. R., Trofymow, J. A., Taylor, B. *et al.* (2001) Litter decomposition rates in Canadian forests. *Global Chang Biolology*, **5**: 75–82

Niwa, S., Kaneko, N., Okadam, H., Sakamoto, K. (2008) Effects of fine-scale simulation of deer browsing on soil micro-foodweb structure and N mineralization rate in a temperate forest. *Soil Biology and Biochemistry*, **40**: 699–708

岡田浩明（2002）土壌生態系における線虫の働き—特に無機態窒素の動態への関わり—．根の研究，**11**: 3–6

岡田浩明（2014）線虫群集構造の指数化．（水久保隆之，二井一禎）線虫学実験，217–220．京都大学学術出版会，京都

Osono, T., Takeda, H. (2004) Decomposition of organic chemical components in relation to nitrogen dynamics in leaf litter of 14 tree species in a cool temperate forest. *Ecological Research*, **20**: 41–49

Petersen, H., Luxton, M. (1982) A comparative analysis of soil fauna populations and role in decomposition process. *OIKOS*, **39**: 287–388

Ruess, L., Chamberlain, P. M. (2010) The fat that matters: Soil food web analysis using fatty acids and their carbon stable isotope signature. *Soil Biology and Biochemistry*, **42**: 1898–1910

Salamanca, E. F., Kaneko, N., Katagiri, S. (2003) Rainfall manipulation effects on litter decomposition and the microbial biomass of the forest floor. *Applied Soil Ecology*, **22**: 271–281

Setälä, H. (1995) Growth of birch and pine seedlings in relation to grazing by soil fauna on ectomycorrhizal fungi. *Ecology*, **76**: 1844–1851

宍田幸男（2015）線形動物門線虫綱．（青木淳一 編著）日本産土壌動物 第二版：分類のための図解検索．15–76，東海大学出版部，秦野

Tanaka, M. (1970) Ecological studies on communities of soil collembolan in Mt. Sobo, southwest Japan. 日本生態学会誌，**20**: 102–110

Thakur, M. P., Eisenhauer, N. (2015) Plant community composition determines the strength of top-down control in a soil food web motif. *Sci Rep*, **5**: 1–6

富樫真樹（2005）クロマツ林における陸棲等脚類のリター分解に与える影響．横浜国立大学大学院工学研究科修士論文

土壌微生物研究会 編（1992）新編土壌微生物実験法．養賢堂，東京

Tsunoda, T., Suzuki, J-II., Kaneko, N. (2017) Fatty acid analyses to detect the larval feeding preferences of an omnivorous soil-dwelling insect, Anomala cuprea (Coleoptera: Scarabaeidae). *Applied Soil Ecology*, **109**: 1–6

Uchida, T., Kaneko, N., Ito, M. T. *et al.* (2004) Analysis of the feeding ecology of earthworms (Megascolecidae) in Japanese forests using gut content fractionation and d15N and d13C stable isotope natural abundances. *Applied Soil Ecology*, **27**: 153–163

Verhoef, H. (1996) The role of soil microcosms in the study of ecosystem processes. *Ecology*, **77**: 685–690

Wall, D. H., Bradford, M. A., John, M. G. S. *et al.* (2008) Global decomposition experiment shows soil animal impacts on decomposition are climate-dependent. *Global Chang Biology*, **14**: 2661–2677

Żyromska-Rudzka, H. (1993) Methods for the measurement of the biomass of soil fauna. In: Gòrny, M., Grüm, L. (ed.), *Methods in Soil Zoology*, 346–378. Elsevier, Warszawa

索　引

【著者紹介】

金子 信博（かねこ のぶひろ）

1983年　京都大学大学院農学研究科林学専攻修士課程中退
現　在　福島大学農学群食農学類　教授，農学博士
専　門　森林生態学
主　著　『土壌生態学入門』（東海大学出版会，2007）
　　　　『土壌動物学への招待―採集からデータ解析まで―』（分担執筆，東海大学出版会，2007）
　　　　『土壌生態学』（編著，朝倉書店，2018）

金田 哲（かねだ さとし）

2002年　横浜国立大学大学院工学研究科博士課程修了
現　在　西日本農研四国研究拠点生物多様性利用グループ上級研究員，博士（学術）
専　門　土壌生態学
主　著　『土壌動物学への招待―採集からデータ解析まで―』（分担執筆，東海大学出版会，2007）

豊田 鮎（とよた あゆ）

2004年　横浜国立大学大学院環境情報学府博士課程修了
現　在　香川大学農学部　准教授，博士（環境学）
専　門　土壌生態学
主　著　『ベーシックマスター　生態学』（分担執筆，オーム社，2007）
　　　　『土壌動物学への招待―採集からデータ解析まで―』（分担執筆，東海大学出版会，2007）

生態学フィールド調査法シリーズ 10
Handbook of Methods in Ecological Research 10

土壌動物の
多様性と機能解析

Analysis of Diversity and Functioning of Soil Animal Community

2020 年 2 月 15 日　初版 1 刷発行

検印廃止
NDC 468

ISBN 978-4-320-05758-6

著　者　金子信博
　　　　金田　哲　　© 2020
　　　　豊田　鮎

発行者　南條光章

発行所　**共立出版株式会社**
〒112-0006
東京都文京区小日向 4-6-19
電話　(03)3947-2511（代表）
振替口座　00110-2-57035
URL　www.kyoritsu-pub.co.jp

印　刷　精興社
製　本　ブロケード

一般社団法人
自然科学書協会
会員

Printed in Japan